W0256664

DAS STRAHLUNGSKLIMA VON AROSA

VON

Dr. F. W. PAUL GÖTZ

LICHTKLIMATISCHES OBSERVATORIUM
AROSA

MIT 31 ABBILDUNGEN
UND 69 TABELLEN

BERLIN
VERLAG VON JULIUS SPRINGER
1926

ISBN-13: 978-3-642-89767-2   e-ISBN-13: 978-3-642-91624-3
DOI: 10.1007/978-3-642-91624-3

Vorwort.

Herbst 1921 gründete Arosa als erster Kurort der Schweiz, der auf diesem Gebiet aus eigener Initiative vorging, eine wissenschaftliche Station für strahlungsklimatische Forschung, das nunmehrige „Lichtklimatische Observatorium Arosa". Ein Anfang wurde dadurch sehr erleichtert, daß mir persönlich für die ersten Jahre Instrumentarium aus dem damals noch privaten Physikalisch - Meteorologischen Observatorium in Davos zur Verfügung stand. Für Rat und Tat zu Beginn sei so Herrn Prof. DORNO's gebührend gedacht, zumal ich in Davos mehrere Wochen Gelegenheit hatte, mich mühelos in die dem Astrophysiker doch mitunter ungewohnte klimatologische Arbeitsweise einzufühlen. Herzlichen Dank auch dem Direktor der Schweizerischen Meteorologischen Zentralanstalt, Herrn Prof. MAURER, Zürich, für sein stets treues Interesse. Alle Freunde der hiesigen Arbeit bitte ich um weitere Förderung.

Ich widme die Schrift dem Gedächtnis meines naturliebenden Vaters, PAUL GÖTZ, Kaufmann in Göppingen, 1859—1926.

Arosa, im August 1926.

F. W. PAUL GÖTZ.

Inhaltsverzeichnis.

Verzeichnis der Tabellen.

I. Einleitung.

1. Das „Strahlungsklima".

Bei der Abhängigkeit alles Lebens vom Klima — beim Menschen auch seiner Wirtschaft und Kultur bis zu den feinen Fäden, die sich vom Seelenleben zur Umwelt hin- und wiederspinnen — erübrigen sich viele Worte über den Wert klimatologischer Forschung. Besonders das Hochgebirge mit seinen eigenartigen physiologischen Verhältnissen (Mosso; Zuntz, Loewy u. Gen.) bietet großen Reiz.

Das 1800 m hoch gelegene Arosa besitzt seit 1889 eine amtliche meteorologische Station. Über bald vier Jahrzehnte erstrecken sich hier so gewissenhafte Aufzeichnungen von Temperatur, Luftfeuchtigkeit, Bewölkung, Barometerstand usw., also derjenigen Elemente, die in erster Linie den Bedürfnissen des Wetterdienstes dienlich sind sowie jener Wirtschaftszweige, deren Gedeihen besonders eng verknüpft ist mit dem Kreislauf des Wassers. Was die Klimakunde aus solchem Material eines großzügig verzweigten Beobachtungsnetzes herauszuholen vermag, könnte wohl schwerlich besser illustriert werden als durch das fundamentale Werk der Herren der Schweizerischen Meteorologischen Zentralanstalt „Das Klima der Schweiz" (Maurer, Billwiller u. Hess). Mit 1900 abschließend, verarbeitete es noch die ersten zehn Aroser Beobachtungsjahre und man kann nur immer wieder hinweisen auf diese berufenste Würdigung des Aroser Klimas.

So beredt eine Klimatologie auch mitunter zu sprechen vermag, die ihr Aufgabengebiet im wesentlichen in den Elementen des Wassers und der Luft findet, zu deren elektrischer und radioaktiver Erforschung durch Untersuchungen in Arosa Dr. med. Saake Wertvolles beigesteuert hat: Wem es je einmal im Leben vergönnt war, etwa einen Winter hier oben zu verbringen, wird das Gefühl haben, in dem Zahlenbild fehle doch noch Wesentliches, für Hochgebirgsverhältnisse besonders Typisches. Weisen doch lediglich die Angaben über reichere Sonnenscheindauer hin auf den hier ganz besonders ausschlaggebenden, grundlegenden Faktor: Die Sonne des Hochgebirges.

Angesichts der Klarheit und des tiefen Blaus des Himmels, der Lichtfülle, welche eine gewaltige Landschaft übergießt, mag vielfach unbewußt der Gedanke mitspielen, es handle sich hier eben im Wesentlichen um seelische Eindrücke und Wirkungen, die nun mal — höchst erfreulicherweise — doch noch nicht in das Prokustesbett exakt-wissenschaftlicher

Disziplinen zu zwängen seien; wahrlich, sie sind nie hoch genug einzuschätzen, aber man wird so der physisch-psychischen Dualität des Lebens nicht gerecht. Ein Jahrhunderte umspannendes, ehrwürdiges Forschungsmaterial sammelte die Astronomie; aber ihr ist die Sonne naturgemäß mehr ein „Stern unter Sternen", als der Ur- und Kraftquell aller Bewegung, alles organischen Lebens auf Erden bis zum Schlag unseres eigenen Herzens. Bestand auch besonders seit Entdeckung der elfjährigen Periodizität der Sonnenflecken im Jahre 1843 stets reichliches Interesse an einer Herbeiziehung der Sonnenphysik für Fragen der Praxis, richtigen Nährboden konnte es erst finden seit Ausbildung der grundlegenden Methoden zur Messung der Strahlung.

BUNSEN und ROSCOE haben schon 1859 das „photochemische Klima" von Heidelberg untersucht und die photographische Methode der Tageslichtmessung mittels Chlorsilberpapier erprobt. LEONHARD WEBER (1) in Kiel veröffentlichte 1883 die grundlegenden Methoden für physiologische Tageshelle und regte deren dauernde Messung an. Die ultraviolette Strahlung der Sonne maßen ELSTER und GEITEL mit dem Zinkkugelphotometer, dem Vorläufer ihrer späteren glänzenden photoelektrischen Zellenphotometrie. Für eine Erfassung der Wärmestrahlung der Sonne schufen K. ÅNGSTRÖM und in Amerika LANGLEY und sein Nachfolger ABBOT (1) zuverlässige Methoden: So lud zu Anfang des neuen Jahrhunderts ein gut durchgebildetes Instrumentarium ein zur Erfassung der lichtklimatischen Faktoren.

Eines haben die reichen Beobachtungsreihen des ersten Jahrzehnts nun wohl alle als gemeinsamen Zug, die Beschränkung auf jeweils eine Einzelerscheinung, liege der Grund nun in äußeren Verhältnissen oder auch in mehr akademisch eingestelltem, spezialisiertem Interesse. Da scheint mir nun für die Würdigung des Hochgebirges ganz besonders bedeutsam, daß gerade seine Klimaverhältnisse — die wie eingangs erwähnt gerade hier besonders eindringlich sprechende allgemeine Erfahrung — den Anstoß gaben, das Problem möglichst als Ganzes zu erfassen. Prof. DORNO wurde — freilich teuer erkauft durch den ihn nach Davos führenden Grund — die seltene Gunst des Schicksals, dieses Neuland vorzufinden; „aus innerem Zwange, von der Natur selbst diktiert, ohne vorherige Disposition, ja ohne eigentliche Absicht zu seiner Gründung" entstand sein Physikalisch-Meteorologisches Observatorium in Davos, und seine „Studie über Licht und Luft des Hochgebirges" (DORNO [1]) befruchtete ungemein das Interesse für weitere umfassende Untersuchungen des Strahlungsklimas, von denen wenigstens noch diejenige des Ostseebads Kolberg durch KÄHLER genannt sei.

Den vorliegenden Grundzügen des Strahlungsklimas von Arosa gehen inhaltlich und gleichzeitig (Oktober 1922 bis Oktober 1923) vielfach parallel Prof. SÜRINGS „Strahlungsklimatische Untersuchungen in Agra (Tessin)". Vergleiche zwischen Davos, Arosa und Agra sind in dieser Arbeit wie in derjenigen von SÜRING keineswegs erschöpfend durchgeführt, um einem Wunsche Prof. DORNOS zu entsprechen, der sich dies vorbehalten hat.

2. Der Beobachtungsstandort.

Das in Chur in 590 m Höhe ins Rheintal ausmündende, tief eingeschnittene Plessurtal führt zunächst in westöstlicher Richtung auf-

Abb. 1. Bergschale Arosa. Fliegeraufnahme von W. MITTELHOLZER. Ad Astra Aero A.-G. Zürich.

wärts und biegt dann in rund 1300 m Höhe bei Langwies scharf über Süden nach Südwesten um. Hier umsäumt der gewaltige, im Aroser Rothorn (2984 m) kulminierende Bergkranz des zentralen Plessurgebirges (HOEK) einen der Sonne weitgeöffneten Talabschluß, eine in ihrem Wechsel von tiefblauen Alpenseen, Bergwald und Matten überaus ansprechende Bergschale, die im Winter ein berühmtes Skigebiet darstellt. An ihren Südost- und Südhängen liegt Arosa ($\lambda = 9° 40'$, $\varphi = 46° 47'$).

Die ursprüngliche Besiedelung ging von Inner-Arosa aus (Höhenlage
des 1492 erbauten Bergkirchli 1900 m), die Entwicklung des Kurortes
bevorzugte dann mehr die Waldhänge des Tschuggen und die Seen,
vom ursprünglichen Alpdorf aus also Richtung talabwärts, ohne daß
wegen des starken Gefälles der Plessur das heute über 1720—1920 m
verstreute Arosa dadurch in irgendeinem seiner Teile den typischen
Charakter der Hanglage eingebüßt hätte. Dies zeigt sich sehr schön,
wenn man etwa von Davos her über die Maienfelder Furka nach Arosa
wandert, auch sehr eindrücklich, indem man von der Plessur (Isla-Stau-

Abb. 2. Die unteren Lagen Arosas.

see 1610 m) reichlich wieder 100 m zu steigen hat, um die tieferen
Aroser Lagen zu erreichen (Obersee und Bahnhof 1740 m).

Geologisch ist das Aroser Gebirge (HEIM) überaus kompliziert und
gegliedert. Hinsichtlich Bodenbeschaffenheit — im Ort sind Obersee-
gegend und Kirchli Moränengebiet, die Tschuggenhänge sind stellen-
weise Kristallin und Serpentin — sei auf Blatt A der geologischen
Karte von Mittelbünden, Arosa von J. CADISCH, verwiesen. Die Flora,
die ja doch auch ein Spiegel des Klimas ist, ist in Arosa (THELLUNG)
sehr artenreich; die Waldgrenze liegt hoch, hochstämmige Bergföhre
(SCHRÖTER) und Arve reichen bis zu 2100—2200 m.

Der gegebene Standort für meine Beobachtungen war derjenige der
1889 gegründeten Meteorologischen Station°). Im ersten Jahrzehnt in

Villa Frisia (1835 m) — einer Dependance der Villa Dr. Herwig —
von Dr. Janssen betreut, wurde sie mit dessen Weggang 1901 in das
westlich anstoßende, 1888 von Fräulein M. Herwig gegründete „Sanatorium Arosa" verlegt, wo auch Saake seine Untersuchungen ausführte. Für den Barometerstand im Parterre werden 1854 m Höhe angegeben. Die Strahlungsmessungen fanden meist auf einem Plattdach
(1866 m) statt; da dessen Horizont jedoch östlich und westlich durch
Querfriste beschnitten war, wurde, auch zu einwandfreien Windmessungen u. dgl., noch auf einen der Firste ein mehr zweckmäßiger

Abb. 3. Meteorologische Station Arosa.

als gerade verschönernder — von den Aroser Alpendohlen sehr geschätzter — Aufbau gesetzt (1873 m), für dessen Duldung Herrn Dr. Jacobi auch hier gedankt sei.

Die Verlegung des Observatoriums in eigene Räume zu Anfang 1926
— übrigens in gleicher Höhe und unmittelbarer Nachbarschaft der im
„Sanatorium Arosa" bleibenden Meteorologischen Station — kommt für
die vorliegende Arbeit noch nicht in Betracht.

II. Die Sonnenscheinverhältnisse von Arosa.

1. Die Sonnenscheindauer an der Meteorologischen Station.

Ist auch die Dauer des Sonnenscheins keineswegs das Wesentliche
des Höhenklimas, so ist sie natürlich doch die Grundlage für Strahlungs-

studien. Seit 1890 registriert auf der Meteorologischen Station ein Sonnenscheinautograph nach CAMPBELL-STOKES, bei dem sich bekanntlich auf einem Streifen das von einer massiven Glaskugel erzeugte Bild der wandernden Sonne einbrennt. Die Arosaer Reihen könnten so zu den ältesten der Schweiz gehören; es ist überaus bedauerlich, daß die Jahre 1900—1912 je einschließlich wegen ganz unbrauchbarer Aufstellung des Heliographen, vor allem im Sommer, ausgeschieden werden müssen; das Jahr 1900, mit fälschlichem Ausfall ca. 200 Stunden wirksamen Sonnenscheins, ging leider auch noch in die große Klimatographie der Schweiz (MAURER, BILLWILLER u. HESS) ein. Auch 1913—1921 dürfte die offenbar durch eine Beschädigung des Instruments veranlaßte Änderung der Aufstellung noch nicht voll glücklich gewesen sein; dazu bestehen für diesen letzteren Zeitraum noch Lücken in der amtlichen Verarbeitung der Sonnenscheindauer von Stunde zu Stunde, die wir im folgenden — für die Bildung der Strahlungssummen als Produkt aus Dauer und Intensität — vor allem benötigen. Wir beschränken uns so vorläufig auf die zehnjährige Periode 1890—1899, wobei jedoch betont werden muß, daß dieser Zeitraum nach Aussage des Autographen in Davos eine 3,0% höhere Jahressumme meldet als das langjährige Mittel der Jahre 1885—1920. Die größte unter den geschilderten Verhältnissen bis jetzt gefundene Jahressumme ist 2041 Stunden Sonnenschein im Jahre 1924.

Tabelle 1. Sonnenscheinstunden Arosa im Mittel der Jahre 1890/99.

	4—5	5—6	6—7	7—8	8—9	9—10	10—11	11—12	12—1	1—2	2—3	3—4	4—5	5—6	6—7	Summe
Jan.					6,5	16,1	17,6	17,5	17,2	15,9	13,6	4,0				109
Febr.				0,3	15,4	16,7	16,7	16,6	16,1	16,2	15,9	14,8				129
März				12,9	16,5	16,6	17,4	17,3	18,2	17,8	16,9	15,1	12,0	0,3		160
April			10,1	14,1	15,4	15,5	15,0	14,6	14,7	14,4	14,4	12,8	12,1	6,2		159
Mai		7,6	13,2	14,8	15,1	15,1	13,6	12,8	12,2	11,6	12,6	11,8	11,1	8,0	1,5	161
Juni	0,1	9,1	14,1	15,5	14,8	15,0	13,5	12,5	11,4	11,8	12,7	11,5	11,2	9,0	1,7	164
Juli	0,1	10,0	15,7	17,2	18,0	17,9	16,9	16,1	14,8	14,3	14,7	14,2	13,2	11,1	2,7	197
Aug.		5,3	16,0	18,0	18,8	19,2	19,1	18,1	18,5	18,0	17,4	16,6	16,0	13,2·		214
Sept.			3,3	15,0	16,7	17,6	17,9	18,3	17,5	17,3	16,6	15,8	13,7	2,9		172
Okt.				2,0	14,8	18,2	18,3	17,8	17,6	17,8	16,4	14,9	4,8			142
Nov.					8,5	16,8	17,5	17,9	18,1	17,3	15,7	8,4				120
Dez.					3,1	16,1	17,7	17,6	17,5	16,8	10,6					99
Jahr																1827

Den engen Zusammenhang von Sonnenscheindauer und Bewölkung zeigt ein vergleichender Blick mit Tab. 64. Reichere Bewölkung im Frühjahr und Sommer, im Tagesgang in diesen Jahreszeiten mittägliche Cumulusbildung der kräftig aufsteigenden Luft. Im Tiefland dagegen (Tab. 2) sind die Werte am meisten im Winter — durch Nebel und Schichtgewölk — gedrückt. Viel bedeutsamer als die absolute Höhe der Werte ist die für das Hochgebirge so günstige Verteilung des Sonnenscheins über das Jahr, der ausgeglichene „Jahrestypus der Wetterfolge" — nach der Klimadefinition von HELLPACH — wie er in den folgenden Kapiteln uns immer wieder charakteristisch entgegentreten wird.

Im Gebirge — wie in Davos, Arosa, St. Blasien usw. — ist naturgemäß die Sonnenscheindauer infolge des natürlichen Horizonts oft beträchtlich beschränkt, so daß sich empfiehlt, die wirkliche Sonnenscheindauer auch prozentual auf die am Standort überhaupt mögliche zu beziehen, wodurch auch Unterschieden, die zurückgehen auf verschiedene geographische Breite, Rechnung getragen wird. Nach direkter Angabe des Autographen ergeben sich als

mögliche Sonnenscheinstunden Arosas:

	Jan.	Febr.	März	April	Mai	Juni	
Monat:	210	225	305	344	408	410	
Tag:	6,8	8,0	9,8	11,5	13,1	13,7	
	Juli	Aug.	Sept.	Okt.	Nov.	Dez.	Jahr
Monat:	417	384	317	266	218	188	3690
Tag:	13,4	12,4	10,6	8,6	7,3	6,0	10,1

und damit die Zahlen der wirklichen prozentualen Sonnenscheindauer in Vergleichstabelle 2.

Tabelle 2. Vergleichende Zusammenstellung der Sonnenscheindauer.

Ort	Periode	Januar	Febr.	März	April	Mai	Juni	Juli	August	Sept.	Okt.	Nov.	Dez.	Jahr Summe	Amplitude
a) nach Stunden:															
Arosa .	1890/1899	109	129	161	159	161	164	197	214	172	142	120	99	1827	1 : 2,2
Davos . .	1890/1899	97	118	148	162	172	178	205	212	174	139	107	89	1813	1 : 2,4
St. Moritz	1901/1920	98	128	149	160	188	186	206	213	168	143	102	75	1816	1 : 2,8
Leysin . .	1920/1925	111	133	153	114	191	196	221	208	156	148	120	94	1843	1 : 2,4
Lugano .	1890/1899	122	157	191	191	215	256	290	276	214	142	103	118	2276	1 : 2,5
St.Blasien	1903/1924	76	91	108	122	177	172	202	201	141	110	74	58	1533	1 : 3,5
Zürich . .	1890/1899	46	97	144	172	190	219	236	242	181	114	52	40	1733	1 : 6,0
Karlsruhe	1895/1924	43	75	112	154	220	222	239	218	149	101	57	34	1623	1 : 7,0
b) in Prozenten des am Standort Möglichen.															
Arosa. .		51	57	53	46	40	40	47	56	54	54	55	53	50	
Davos . .		53	59	52	50	46	49	55	59	58	58	58	53	54	
Lugano .		52	63	57	52	51	61	68	69	63	47	43	54	58	
Zürich . .		19	37	42	45	43	48	52	58	52	37	21	18	42	

Man muß sich hüten, auf kleinere Differenzen allzusehr Gewicht zu legen; so handlich und sinnreich der Autograph ist, hat er doch auch schon scharfe Kritik über sich ergehen lassen müssen. Im folgenden sind einige gelegentliche Notizen über die Empfindlichkeit des Aroser Heliographen gegeben, nach gleichzeitigen Messungen der Gesamtwärmeintensität (Kap. III). Dabei sei zuvor noch bemerkt, daß in dieser Arbeit Angaben über die Helligkeitsstufe der Sonne nach der leicht veränderten Skala von WIESNER (RÜBEL) gegeben sind, also:

S_4 Sonne ($\odot$) vollkommen frei,
S_3 vor Sonne leichter Schleier,
S_2 Sonne gerade noch Schatten werfend,
S_1 Ort der Sonne am Himmel noch erkennbar,
S_0 Ort der Sonne am Himmel nicht mehr erkennbar,

während die Bewölkung wie üblich von B_0 (wolkenlos) bis B_{10} (bedeckt) geht. h bedeutet die Sonnenhöhe in Grad:

11. Dez. 23: 9^{a} 2 ($h = 9{,}5°$), $S_{2-3}\, B_1$ (Cirren), Sonnenintensität 0,40 gcal/min cm², Autograph zeichnet noch nicht.

23. Juli 22: S_3 (Cirren), bis 4^{a} 58 ($h = 4{,}5°$) bei 0,46 gcal/min cm² nur bei scharfem Hinsehen gelbbräunlicher Stich einer Zeichnung erkennbar.

 5. Juni 25: S_3 (Cirren), Autograph spricht an ab 4^{a} 50 ($h = 5{,}0°$) bei 0,54 gcal/min cm².

21. Juli 22: S_4, ab Sonnenaufgang 4^{a} 51 ($h = 3{,}7°$) braune Spur, einbrennend ab 5^{a} 4 ($h = 5{,}8°$) bei 0,72 gcal/min cm².

Nach A. u. W. PEPPLER setzt bei dem CAMPBELL-STOKES-Autographen der Landeswetterwarte Karlsruhe die Brennspur bei 0,25 gcal/min cm² ein, demnach wäre das Aroser Instrument bedeutend unempfindlicher.

2. Die örtlich mögliche Sonnenscheindauer verschiedener Lagen Arosas.

Ein im Gebirge weit auseinander gebauter Ort wie Arosa hat naturgemäß in seinen einzelnen Lagen starke Verschiedenheiten des natürlichen Horizonts und damit der Sonnenscheindauer. So wurde für sieben verschiedene Lagen Arosas die vom Standort aus mögliche Sonnenscheindauer genau für jeden Tag des Jahres bestimmt. Hierzu wurde der Horizont mittels Theodolit aufgenommen und mit den für 17 verschiedene Sonnenstände des Jahres (nach Höhe und Azimut bei gleichem Deklinationsintervall der Sonne) berechneten Sonnenbahnen zusammengezeichnet; so kann für jeden Tag des Jahres leicht Zeitpunkt des Sonnenauf- und -unterganges auf die Minute genau entnommen werden. Abb. 4 gibt eine solche Aufnahme, nur mit Einzeichnung einer geringeren Anzahl von Sonnenbahnen. Hübsch ist oft das Spiel wiederholten Sonnenauf- und -untergangs, wie beispielsweise von der Meteorologischen Station aus gesehen am Erzhorn Mitte und Ende Dezember nachmittags.

Als verschiedene Aroser Lagen wurden gewählt: in Inner-Arosa außer der Meteorologischen Station noch die „Egga", weiter unten an der Poststraße der „Postplatz" (Haus Madrisa), für die „Gegend des

Obersees" die Wiese zwischen Obersee und Sanatorium Altein nahe der
Eisbahn, als Lagen außerhalb das neue Bauland des „Prätschli" (Pension
Prätschli) und die Gegend des „Bühl" (Maran). Außerhalb dieses
Programms wurde auch der Gipfel des Tschuggen noch ausgewertet,
dessen Hängen der Kurort sich ja anschmiegt; im Jahresmittel (10 Std.
27 Min.) überholt der Tschuggen natürlich die übrigen Lagen, besonders im Dezember (6 Std. 48 Min. täglich), bleibt aber im Hochsommer

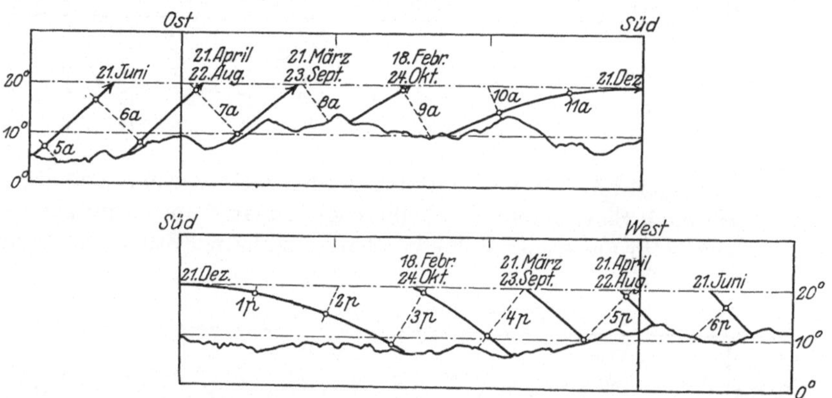

Abb. 4. Horizont südlich Bühl bei Arosa.

(Juni 13 Std. 28 Min.) gegen die meisten zurück, da ihm das Aroser
Weißhorn die Abendsonne verkürzt.

   Da das umfangreiche Material mehr lokales Interesse hat, seien hier
nur die mittleren Tagesbeträge des Jahres veröffentlicht. Es sind dabei
in Tab. 3 die Daten mit denen von Davos (DORNO [2]) zusammengestellt,
ohne daß damit Stoff gegeben sein soll zu kleinlicher Abwägung.

Tabelle 3. Am Ort mögliche Sonnenscheindauer.
Mittlerer Tagesbetrag.

Arosa	st	min	Davos	st	min
			Kurhaus u. Promenade	9	11
Postplatz	9	18			
Oberseegegend	9	21	Sanatorium Turban . .	9	21
			D. Kriegerkurhaus (Dorf)	9	28
			Waldsanatorium . . .	9	32
			Seehof (Dorf).	9	37
			Englisch-Viertel. . . .	9	41
Egga	9	45			
Prätschli	9	58			
Bühl	10	5			
Sanatorium Arosa . . .	10	6			
			Schatzalp ob Davos. .	10	15

3. Hilfstabellen zum Sonnenstand.

Alle Zeitangaben unserer Strahlungstabellen sind wahre Sonnenzeit (W.Z.), wobei bekanntlich wahrer Mittag bei Kulmination oder Südstand der Sonne ist. Den wahren Mittag Arosa in bürgerlicher, mitteleuropäischer Zeit (M.E.Z.) gibt Tab. 4a.

Tabelle 4a. Wahrer Mittag, Arosa, nach mitteleuropäischer Zeit.

Datum	Jan.	Febr.	März	April	Mai	Juni	Juli	Aug.	Sept.	Okt.	Nov.	Dez.
					$12^h +$ min							
5.	27	35	33	24	18	20	26	27	20	10	5	12
15.	31	36	31	22	18	22	27	26	17	7	6	16
25.	34	35	28	19	18	24	28	24	13	6	8	21

Soweit künftig die Strahlungsgrößen nicht sowohl nach Tagesstunde wie nach Sonnenhöhe h tabelliert sind, mag Tab. 4b nützlich sein, die jeweils für die Monatsmitte von halber zu halber Stunde die Sonnenhöhe gibt.

Tabelle 4b. Sonnenhöhen, Arosa ($\varphi = 46^\circ 47'$).

W. Z. — alle Werte in Grad (°).

Datum 15.	$4\frac{1}{2}^a$ / $7\frac{1}{2}^p$	5^a / 7^p	$5\frac{1}{2}^a$ / $6\frac{1}{2}^p$	6^a / 6^p	$6\frac{1}{2}^a$ / $5\frac{1}{2}^p$	7^a / 5^p	$7\frac{1}{2}^a$ / $4\frac{1}{2}^p$	8^a / 4^p	$8\frac{1}{2}^a$ / $3\frac{1}{2}^p$	9^a / 3^p	$9\frac{1}{2}^a$ / $2\frac{1}{2}^p$	10^a / 2^p	$10\frac{1}{2}^a$ / $1\frac{1}{2}^p$	11^a / 1^p	$11\frac{1}{2}^a$ / $12\frac{1}{2}^p$	M
Jan.									7,2	10,9	14,1	16,8	19,1	20,7	21,7	22,1
Febr.								10,0	14,2	18,1	21,6	24,7	27,1	29,0	30,1	30,4
März						8,5	13,5	18,3	22,8	27,1	31,0	34,4	37,2	39,2	40,6	41,0
April				7,0	12,2	17,3	22,4	27,4	32,2	36,8	41,1	45,0	48,2	50,8	52,4	52,9
Mai		3,8	8,6	13,6	18,6	23,8	28,9	34,0	39,0	43,9	48,5	52,8	56,5	59,4	61,4	62,0
Juni	2,7	7,2	11,9	16,8	21,7	26,8	31,9	37,1	42,1	47,1	51,9	56,4	60,4	63,6	65,8	66,5
Juli	1,4	5,9	10,7	15,6	20,6	25,7	30,8	35,9	41,0	45,9	50,7	55,0	58,9	62,0	64,1	64,8
Aug.				10,3	15,4	20,5	25,6	30,7	35,6	40,4	44,8	48,9	52,3	55,0	56,8	57,4
Sept.					7,5	12,5	17,6	22,5	27,2	31,6	35,6	39,2	42,2	44,4	45,9	46,3
Okt.							8,8	13,4	17,8	21,9	25,5	28,7	31,3	33,2	34,4	34,8
Nov.									9,5	13,2	16,6	19,4	21,7	23,4	24,5	24,8
Dez.										9,0	12,2	14,9	17,1	18,7	19,7	20,0

Weit ausführlichere solche Tabellen hat Prof. DORNO für Davos rechnen lassen; dadurch, daß mir ein Auszug gestattet wurde — Davos und Arosa haben ja nur 1′ Breitenunterschied — wurde mir manche mechanische Arbeit erspart.

III. Die Wärmestrahlung der Sonne.

1. Meßmethode.

a) Die Gesamtstrahlung. Der handlichste Typ der verschiedenen Instrumente (MARTEN [1]) zur Messung der Wärmestrahlung der Sonne — besser gesagt der Gesamtenergie der Sonne, erfaßt im

absoluten Wärmemaß — ist MICHELSONS Bimetallisches Aktinometer. Die durch die Sonnenstrahlung bewirkte Verbiegung einer
Bimetallamelle wird . an einer Skale im Mikroskop abgelesen; der
Faktor zur Reduktion der Ausschläge auf Intensität in Grammkalorien pro Minute und Quadratzentimeter (gcal/min cm²) muß
bei diesem Sekundärinstrument durch Eichung mit einem Normalinstrument festgelegt werden. Bis Ende 1924 standen mir die öfters
in Davos geeichten, Prof. DORNO gehörenden Aktinometer M 13 oder

Abb. 5. a) „Michelson" und b) „Silverdisk" [c) UV-Spektrograph Dobson].

M 15 zur Verfügung; es sind dies beides noch ältere in Moskau gebaute
Instrumente (MICHELSON) ohne sog. Temperaturschraube (wie bei meinem
jetzigen Potsdamer Aktinometer 383 vom MICHELSON-MARTEN-Typ);
die Abhängigkeit der Eichfaktoren (gcal/min cm² für einen Skalengrad
Ausschlag) von der Erwärmung des Instruments kann hier so nur als
Funktion der Lufttemperatur und ohne Berücksichtigung des starken
Windeinflusses (vgl. Kap. VII, Abkühlungsgröße) festgelegt werden;
auch erwies sich die Abhängigkeit der Eichfaktoren von der Temperatur noch als bedeutend erheblicher, als nach früheren Feststellungen
an diesen Instrumenten zu erwarten war — eine Steigerung des Reduktionsfaktors um ca. 1% für 4° Steigerung der Lufttemperatur. Beiläufig

erhält man beim Moskauer Typ um 1,5% geringere Ausschläge, wenn man beide den Lamellenhalter stützenden Schrauben anzieht, als wenn man die obere Schraube lose läßt.

Bei den hohen Werten, die — solange auf Davoser Skala bezogen — zunächst in St. Blasien, dann in Arosa (Maximum 1923 1,65 gcal/min cm² ?) und in Agra gefunden wurden, dürfte immerhin zu erwägen sein, ob die Davoser Skala nicht zeitweise etwas zu hoch lag. Seit 1. Januar 1925 verfüge ich in einem — von der Zürcher Zentralanstalt überlassenen — ABBOTschen Silverdiskpyrheliometer des Astrophysical Observatory of the Smithsonian Institution Washington über ein eigenes Standardinstrument, und damit direkten Anschluß an die von C. G. ABBOT und seinen Mitarbeitern geschaffene absolute Skala „Smithsonian Revised Pyrheliometry of 1913“.

Auf Anregung von Prof. SÜRING, Potsdam, führte ich 1925 einige Eichungen des MICHELSON-MARTEN 383 mit dem Silverdisk in verschiedener Höhenlage — Arosa und Chur — durch, denen noch die durch Prof. MARTEN für das Instrument in Potsdam bestimmten Faktoren beigefügt seien. T bedeutet den Stand der Temperaturschraube:

Eichfaktoren „MICHELSON-MARTEN“ 383:

T	Arosa (1860 m)	Chur (600 m)	Potsdam (100 m)
— 35	0,0210 (3)	—	—
— 10	—	0,0216 (4)	—
0	0,0218 (12)	0,0217 (6)	0,0215
10	0,0222 (6)	0,0220 (3)	0,0219
(15)	0,0223 (6)	—	0,0221
20	—	0,0224 (2)	0,0223

Auf eine Diskussion dieser Resultate im Hinblick auf die Veröffentlichungen von STENZ, Warschau, sei an dieser Stelle nicht eingegangen.

b) Getrennte Spektralbereiche. Eingehend wurde versucht, durch Vorsetzen von Farbgläsern einzelne Bereiche der Gesamtstrahlung aktinometrisch zu erfassen. Besonders bewährte sich das bekannte Rotfilter Schott F 4512. Das hier gebrauchte von knapp 2 mm Dicke ist dasselbe, wie das in Davos und Agra. Nach der kurzwelligen Seite schneidet das Filter bei der Wellenlänge λ 600 $\mu\mu$ ab; im ganzen vor Sonne in Betracht kommenden Ultrarot ist es in gleicher Höhe durchlässig wie für Rot, es ist ein Rot-Ultrarot-Filter (GÖTZ [1]). Als Zuschlag für Absorptions- und Reflexionsverlust bestimmte ich 20%. Zusammen mit der Gesamtstrahlung wurde so auch stets die Rot-Ultrarotstrahlung gemessen.

Ein brauchbares, d. h. kein Ultrarot durchlassendes Grün- oder Blaufilter, ist nicht bekannt. Obwohl hier geprüft wurde, was nur immer erreichbar war, immer wieder ergab sich das bekannte negative Resultat, daß der Anteil der vom Versuchsfilter durchgelassenen an der gesamten Strahlung mit steigender Sonnenhöhe abnimmt. Lediglich das SCHOTTsche Eisenoxydul-Tafelglas T 188 — das allerdings im Sichtbaren sehr verschieden durchläßt — macht hier eine Ausnahme und verdient so seinen Namen Wärmeabsorptionsfilter mit Recht. Bei seiner Verwendung als Schutzglas gegen Glasbläserstar sind ja wohl die Zahlen von Interesse, für 5 mm Glasdicke läßt es die folgenden Bruchteile der gesamten Energie der Arosersonne durch:

h	Filter: ohne Filter
15°	0,316
20°	0,329
40°	0,345
60°	0,439

Bei dem Mangel eines Filters für kurzwellige Strahlung wurde empfohlen (GÖTZ [1]), mittels F 4512 auch die Wellenlängen unterhalb 600 $\mu\mu$ zu erfassen, und zwar als Differenz der Gesamtstrahlung und der rotultraroten Strahlung der Wellenlängen größer als 600 $\mu\mu$. Als Differenz von Gesamtstrahlung und nur Ultrarot (ohne Rot) müßte sich auch die Helligkeitsstrahlung aktinometrisch erfassen lassen; ich machte so einige Versuche mit einem 2,5 mm dicken schwarzen Marmorglas, wie auch GORCZYNSKI (1) es empfiehlt, und fand für die Januarsonne

h	Marmorglas: ohne Filter	(Rotfilter: ohne Filter) × konst.
10°	0,190	0,189
15°	0,178	0,178
20°	0,172	0,173

Die leicht angedeutete Verschiebung der wirksamen Wellenlänge gegen Ultrarot hin ist so gering, daß ich von einer dauernden Verwendung des Marmorglases absah; das Ergebnis deutet darauf hin, daß das Marmorglas auch am langwelligen Ende rascher abbrechen dürfte als das Rotfilter, ein Schluß, der durch die inzwischen veröffentlichten Untersuchungen von GORCZYNSKI (2) über die Durchlässigkeit, das sein Marmorglas für verschiedene Wellenlängen hat, bestätigt ist.

2. Sichtung des Beobachtungsmaterials.

Die Ergebnisse stützen sich auf das Beobachtungsintervall von Oktober 1921 bis März 1925; an 350 Beobachtungstagen ist zu etwa 1900 Einzelterminen gemessen; das Material für Rot-Ultrarotstrahlung schließt mit Ende Dezember 1924 ab. Das Material seit März 1925 bleibt künftiger Veröffentlichung vorbehalten.

Die Grundlage für die Bearbeitung bildet die Darstellung nach Sonnenhöhe. Die einer Einzelbeobachtung zugehörige Sonnenhöhe ergibt sich aus der Beobachtungszeit (Tab. 4 b), und aus BEMPORADS Tafeln dann auch die von der Strahlung durchlaufene Luftmasse; für

jeden einzelnen Tag wurden dann graphisch die Intensitätslogarithmen
als Funktion der Luftmasse aufgetragen und dieser Kurve — bei homo-
gener Strahlung bekanntlich einer Geraden — die Strahlungsintensitäten
von 5° zu 5° entnommen, für tiefe Sonnenstände auch dichter; Vor-
und Nachmittag natürlich in getrennter Bearbeitung. Bei der monat-
lichen Mittelung der so erhaltenen Werte wurden sämtliche Werte
mit Helligkeitsstufe der Sonne S_4 (Seite 8) berücksichtigt, also auch
dunstige und Aureolentage, soweit nur Dunst und Aureole nicht so
derb waren, daß eben S_{4-3} notiert war. Größere Inter- und Extra-
polationen wurden vermieden, um keine Willkür hereinzutragen, und so
lieber — wie z. B. auch von LINKE (1) — mal gelegentliche Un-
stetigkeiten im Tagesgang des Monatsmittels in Kauf genommen, wie
sie natürlich hereingetragen werden, wenn unvollständige Reihen von
Tagen verschiedener Strahlungshöhe gemittelt werden; durch Mittelung
der verschiedenen Jahre zu den Normalwerten glättet sich bei
größerem Material derlei dann meist ganz ungezwungen von selbst.
Durch entsprechende Interpolation wurden ferner für den 15. jeden
Monats die Werte in Abhängigkeit von der Tagesstunde, von
Stunde zu Stunde wahrer Ortszeit, dargestellt. Mit der für klimatische
Vergleiche unerläßlichen Mittelbildung zu Normalwerten soll das Recht
der Einzeltagesgänge in keiner Weise geschmälert werden, zur Untersuchung der Eigentümlichkeiten der letzteren sind sie ein trefflicher
ruhender Pol.

3. Ergebnisse der Intensitätsmessungen.

a) Die Gesamtintensität der Sonnenstrahlung. Zur Veranschaulichung der Mittelbildung sei zunächst ein Monat ausführlich wiedergegeben. Januar 1925 empfiehlt sich als besonders zuverlässig, weil
von hier ab der Silverdisk gebraucht wurde. Tab. 5 gibt also, nach
Sonnenhöhe geordnet, für sämtliche Beobachtungstage des Januar 1925
die Intensität der Sonnenstrahlung, also die Energie in Grammkalorien,
die dem Quadratzentimeter der zur Strahlungsrichtung senkrechten
Fläche in der Minute zuströmt (gcal/min cm^2).

Als Mittel der ganzen Beobachtungszeit haben wir die in Tab. 6
und Tab. 7 niedergelegten Normalwerte; nach Sonnenhöhe geordnet
in Tab. 6, in der wieder je die oberen Zahlen Vormittags-, die unteren
Nachmittagswerte sind; nach den vollen Tagesstunden des 15. jeden
Monats in Tab. 7.

Überblicken wir vielleicht zunächst den Jahrgang bei gleicher Höhe
des Sonnenstands, so finden wir die Wintersonne weitaus am wärmsten
strahlend, während die sommerlichen Intensitäten die geringsten sind;
mitteln wir zur Erhöhung der Genauigkeit noch die 3 Sonnenhöhen
von 15—25°, wie in Tab. 8, in der noch auf prozentuale Werte um-

Tabelle 5.

Intensität der Gesamtsonnenstrahlung, Arosa, im Januar 1925.

1925 Januar	gcal/min cm²				Bemerkungen	Prozent des Mittelwerts			
	10°	15°	20°	25°		10°	15°	20°	25°
4.			1,42		Derbe Aureole, Föhn.			100	
			1,42					100	
8.	1,16	1,31			Irisierender Ci-Str.	100	99		
9.			1,35*)		Aureole, irisierender Ci-Str.				
10.			1,37*)		Irisierender Ci-Str.				
		1,32	1,42				100	100	
11.	1,16	1,31	1,39		Aureole	100	99	98	
		1,31	1,40				99	99	
12.	1,16	1,32	1,41		Aureole	100	100	99	
13.	1,19	1,35	1,46			103	103	103	
	1,19	1,35	1,44			103	103	102	
14.	1,24		1,46			106		103	
		1,36	1,46				103	103	
15.		1,40	1,47		Ci-Str.		106	104	
17.	1,09	1,25	1,34		Weißliche Sonnenregion	94	95	95	
18.	1,13	1,29	1,38			98	97	98	
		1,29	1,39				97	98	
19.	1,14	1,31	1,41			98	99	100	
	1,14	1,31	1,40			98	99	99	
20.	1,20	1,35	1,44	1,48		104	102	102	
22.	1,14		1,40	1,44	Aureole	98		99	
23.	1,16	1,32	1,41	1,48	Aureole	100	100	100	
		1,31	1,41				99	100	
Mittel	1,16	1,32	1,42	1,46					
	1,15	1,32	1,42						

*) S_{4-3}.

gerechnet ist, so ergibt sich eine Jahresschwankung = 100 : 84 vom Januar zum Juni; reduziert man noch auf gleiche Sonnenentfernung — im Januar ist diese ja um 3% kleiner als im Juli und dementsprechend die Strahlung 7% stärker — so bleibt noch rein für den Wechsel atmosphärischer Durchlässigkeit für die Gesamtintensität eine Amplitude von 100 : 89. Es sei hier schon auf Abb. 20 verwiesen.

Gegenüber der Zusammenfassung nach den üblichen Jahreszeiten — also Winter von Dezember bis Februar gerechnet — gruppieren sich viel zwangloser als zusammengehörig die 4 Monate November bis Februar,

16 Die Wärmestrahlung der Sonne.

Tabelle 6. Intensität der Gesamtsonnenstrahlung, Arosa (gcal/min cm²)
nach Sonnenhöhe.

	Sonnenhöhe h															
	4°	5°	6°	7,5°	10°	15°	20°	25°	30°	35°	40°	45°	50°	55°	60°	65°
Jan.					1,14	1,32	1,42	1,48								
					1,16	1,31	1,41									
Febr.					1,15	1,29	1,40	1,48	1,52	1,55						
					1,17	1,32	1,42	1,49	1,52							
März					1,08	1,25	1,36	1,44	1,48	1,52	1,55	1,57				
					1,06	1,21	1,34	1,41	1,46	1,50	1,54	1,59				
April					1,02	1,19	1,30	1,39	1,44	1,46	1,50	1,52	1,53	1,55		
					1,02	1,16	1,29	1,37	1,43	1,47	1,50	1,53	1,53			
Mai	0,58	0,65	0,73	0,81	0,93	1,11	1,21	1,29	1,35	1,39	1,42	1,46	1,48	1,50	1,51	1,51
					0,95	1,12	1,20	1,28	1,34	1,38	1,41	1,45	1,47	1,47	1,49	
Juni	0,57	0,66	0,72	0,81	0,91	1,10	1,20	1,28	1,34	1,39	1,42	1,43	1,45	1,47	1,48	1,49
					0,93	1,08	1,17	1,25	1,31	1,36	1,38	1,43	1,45	1,47	1,49	
Juli	0,58	0,66	0,72	0,82	0,94	1,21	1,23	1,30	1,36	1,38	1,41	1,43	1,45	1,46	1,47	1,48
					0,94	1,08	1,18	1,26	1,32	1,37	1,39	1,43	1,44	1,45	1,47	
Aug.					0,98	1,16	1,25	1,32	1,37	1,42	1,44	1,47	1,49	1,50	1,50	
					0,99	1,14	1,24	1,32	1,35	1,38	1,41	1,44	1,47	1,49		
Sept.					1,04	1,21	1,30	1,36	1,41	1,45	1,47	1,49	1,52			
					1,04	1,21	1,28	1,35	1,41	1,45	1,47					
Okt.					1,13	1,28	1,37	1,42	1,46	1,48						
					1,08	1,21	1,31	1,40	1,44	1,48						
Nov.					1,18	1,33	1,38	1,45								
					1,16	1,32	1,41									
Dez.				**1,01**	**1,18**	**1,33**	**1,42**									
					1,17	**1,33**	**1,42**									
Wint.					1,16	1,31	1,41									
					1,17	1,32	1,42									
Frühj.					1,01	1,18	1,29	1,37	1,42	1,46	1,49	1,51				
					1,01	1,16	1,28	1,35	1,41	1,45	1,48	1,52				
Som.					0,94	1,13	1,22	1,30	1,36	1,40	1,42	1,45	1,46	1,48	1,49	
					0,95	1,10	1,20	1,28	1,32	1,37	1,40	1,44	1,45	1,47	1,49	
Herbst					1,12	1,27	1,35	1,41								
					1,09	1,24	1,33	1,40								
Jahr					1,06	1,22	1,32									
					1,06	1,21	1,31									

ebenso Mai bis Juli, evtl. noch August, je getrennt durch 2 Übergangs-
monate, genau wie GOCKEL es für Freiburg (Schweiz) gefunden hat.

Tab. 8 macht uns nun auch besser die große Gleichmäßigkeit der
Mittagssonnenstärke verschiedener Monate (Tab. 7) verständlich, die
wohl als Erstes auffallen dürfte. Stärkere Intensität im Winter und
schwächere im Sommer gleicht sehr glücklich den Einfluß des verschieden
langen Weges aus, den die mittäglichen Sonnenstrahlen je nach Jahreszeit
durch die Atmosphäre zurücklegen müssen. Die größten Intensitäten
finden sich zu Frühjahrsbeginn, hier reichen sich eine noch weitgehende

Tabelle 7. Intensität der Gesamtsonnenstrahlung, Arosa (gcal/min cm²) nach Tagesstunde.

	5^a	6^a	7^a	8^a	9^a	10^a	11^a	M	1^p	2^p	3^p	4^p	5^p	6^p
15. Jan.					1,18	1,36	1,43	1,45	1,42	1,36	1,20			
15. Febr.				1,15	1,36	1,48	1,51	1,52	1,51	1,48	1,39	1,17		
15. März			1,01	1,33	1,46	1,51	1,54	**1,55**	1,53	1,50	1,43	1,30	0,99	
15. April		0,84	1,25	1,41	1,48	1,52	1,54	1,54	1,53	1,53	1,49	1,40	1,23	
15. Mai	0,57	1,07	1,27	1,38	1,45	1,49	1,50	1,51	1,49	1,47	1,44	1,37	1,26	1,08
15. Juni	0,79	1,14	1,30	1,40	1,44	1,47	1,49	1,50	1,49	1,48	1,44	1,38	1,27	1,12
15. Juli	0,72	1,13	1,31	1,39	1,43	1,46	1,48	1,49	1,48	1,45	1,43	1,38	1,27	1,09
15. Aug.		0,99	1,26	1,38	1,44	1,49	1,50	1,50	1,49	1,46	1,41	1,36	1,25	1,00
15. Sept.			1,15	1,33	1,43	1,47	1,49	1,51	1,49	1,47	1,43	1,32	1,15	
15. Okt.				1,24	1,39	1,45	1,48	1,48	1,46	1,43	1,34	1,18		
15. Nov.					1,29	1,38	1,44	1,46	1,44	1,40	1,27			
15. Dez.					1,12	1,32	1,39	1,42	1,39	1,32	1,12			
Winter					1,22	1,39	1,45	1,46	1,44	1,39	1,23			
Frühjahr			1,18	1,38	1,46	1,51	1,53	**1,53**	1,52	1,50	1,45	1,36	1,16	
Sommer		1,09	1,29	1,39	1,44	1,47	1,49	1,49	1,49	1,46	1,43	1,37	1,26	
Herbst					1,37	1,43	1,47	1,48	1,47	1,43	1,35			
Jahr					1,37	1,45	1,48	1,49	1,48	1,45	1,37			

Tabelle 8. Jahresgang der Intensität bei gleicher Sonnenhöhe, Arosa. Mittel der Sonnenstände 15°—25°.

	Jan.	Febr.	März	April	Mai	Juni	Juli	Aug.	Sept.	Okt.	Nov.	Dez.
Direkte relative Werte	**100**	99,5	95	91	86	84	85	88	91,5	94	99	100
Reduziert auf gleiche Sonnenentfernung .	100	**100**	97	95	90	89	90	93	95	96,5	100	100

winterliche Lufttrockenheit und doch schon hoher Sonnenstand die Hand. Die Jahresamplitude der Mittagsintensitäten beträgt in Arosa 100 : 91,4, in Chur fand ich 100 : 81,6. Für die Mittagsintensitäten ist reicher Vergleich mit anderen Orten (Tab. 9) möglich.

Im direkten Anschluß hieran sei in Abb. 6 der ganze Tagesgang verschiedener dieser Orte — für Juni und Dezember — dargestellt. Auch im Tagesgang sind die Intensitäten des Hochgebirges bemerkenswert ausgeglichen; wie die Sonne in Arosa über den Bergen erscheint, strahlt sie auch gleich mit voller Kraft. Dies illustrieren auch deutlich meine Vergleichsmessungen mit Chur (Tab. 10), obschon dieses bezüglich Einstrahlung recht begünstigt ist.

Nach Tagesverlauf sind diese Daten zusammen mit den Aroser Messungen und solchen in noch höherer Lage, dem 2500 m hohen Hörnligrat bei Arosa, in Abb. 18 dargestellt.

Für ganz tiefe Sonnenstände liegen auch noch ein paar Werte vor vom Aroser Rothorn (2984 m), die in der Frühe des 7. August 1924

Tabelle 9. Vergleichstabelle der mittäglichen Sonnenintensitäten gcal/min cm².

Ort	φ	Höhe m	Dez.	Jan.	Febr.	März	April	Mai	Juni	Juli	Aug.	Sept.	Okt.	Nov.	Literatur
Kolberg	54° 12′	5	0,79	0,85	1,16	1,32	**1,35**	1,33	1,25	1,17	1,13	1,23	1,21	0,96	K. Kähler
Potsdam	52° 23′	106	0,90	1,05	1,19	1,19	**1,33**	1,31	1,28	1,19	1,15	1,24	1,15	1,10	Marten (2)
Warschau	52° 13′	130	0,72	0,83	0,96	1,07	**1,16**	1,14	1,13	1,14	1,11	1,13	1,03	0,87	Gorczynski (3)
Karlsruhe	49° 1′	128	0,80	0,83	1,08	1,24	1,21	**1,26**	1,22	1,13	1,07	1,14	0,96	0,88	A. u. W. Peppler
Feldberg (Schwzw.)	47° 52′	1300	1,20	1,20	1,26	1,28	1,33	**1,41**	1,34	1,36	1,43	1,39	1,38	1,38	A. u. W. Peppler
St. Blasien	47° 46′	790	1,20	1,29	1,34	1,36	**1,39**	1,38	1,33	1,29	1,33	1,32	1,32	1,25	Bacmeister, Baur
Riezlern (Algäu) .	47° 22′	1150	1,21	1,32	1,33	1,39	1,44	**1,44**	1,43	1,34	1,40	1,41	1,34	1,27	O. Hoelper
Davos	46° 48′	1600	1,35	1,38	1,46	1,49	**1,49**	1,47	1,45	1,39	1,47	1,45	1,45	1,38	C. Dorno (3)
Arosa	46° 47′	1860	1,42	1,45	1,52	**1,55**	1,54	1,51	1,50	1,49	1,50	1,51	1,48	1,46	
Agra	45° 48′	550	1,26	1,33	**1,46**	1,35	1,38	1,35	1,31	1,21	1,28	1,36	1,38	1,32	R. Süring

Tabelle 10. Verhältniszahlen der Gesamtintensitäten Arosa : Chur.

| | Sonnenhöhe | | | | | | | | | | | |
	10°	15°	20°	25°	30°	35°	40°	45°	50°	55°	60°	65°
Nov./Jan.	1,31 (3)	1,36 (4)	1,20 (4)	1,11 (1)	1,12 (1)							
Febr./April	1,61 (1)	1,37 (1)	1,28 (1)	1,22 (1)	1,12 (2)	1,08 (2)	1,06 (2)					
Mai/Juli. .		1,10 (1)	1,20 (3)	1,11 (4)	1,13 (5)	1,11 (5)	1,09 (5)	1,09 (5)	1,10 (7)	1,11 (8)	1,11 (5)	1,09 (2)
Aug./Okt.	1,28 (1)	1,17 (1)	1,19 (4)	1,16 (6)	1,13 (6)	1,10 (6)	1,09 (4)	1,13 (2)	1,13 (2)	1,13 (2)	1,13 (1)	
Jahr . . .	1,37 (5)	1,27 (7)	1,20 (12)	1,14 (12)	1,13 (14)	1,10 (13)	1,08 (11)	1,10 (7)	1,11. (9)	1,11 (10)	1,11 (6)	1,09 (2)

gemessen wurden; 4ᵃ40 blitzte der erste Sonnenstrahl, 4ᵃ43 stand
die Sonne als volle Scheibe in gelber Färbung über dem Horizont;

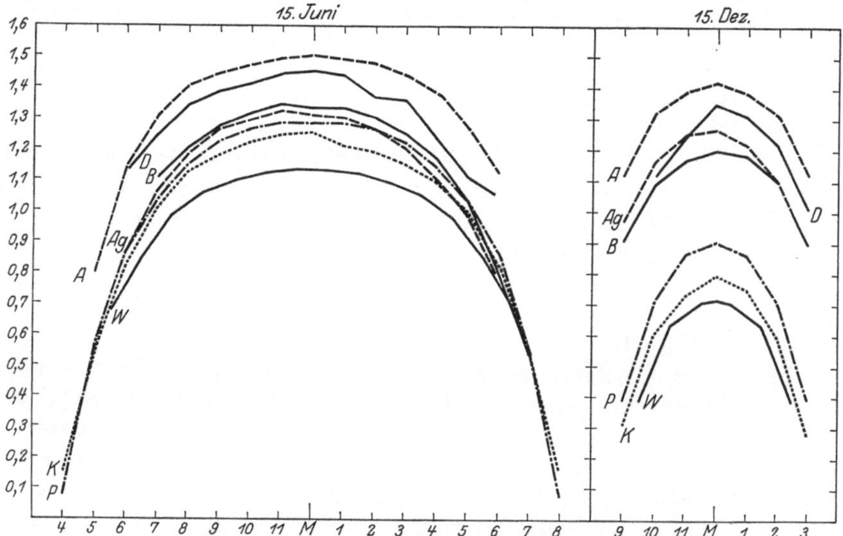

Abb. 6. Tagesgang der Wärmestrahlung verschiedener Orte.
A = Arosa, D = Davos, B = St. Blasien, Ag = Agra, K = Kolberg, P = Potsdam, W = Warschau.
(Bei Potsdam und Warschau sind Vor- und Nachmittag gemittelt.)

die Höhe der Intensitäten bei solch tiefem Sonnenstand ist sehr
bemerkenswert:

Tabelle 11. Sonnenintensität Aroser Rothorn (3000 m), 7. Aug. 1924.

	W. Z.	h in °	gcal/min cm²	Himmelsschau
7. Aug. 24	4ᵃ 44	—0,4	0,23	S_4B_0 Sonnenfarbe gelb
	46	—0,1	0,30	,,
	48	+0,2	0,35	,,
	50	0,5⁵	0,39	,, ⊙ in gelber Horizontdunstschicht
	52	0,9	0,43	,,
	5ᵃ 13	4,2	0,79	,, ⊙ an der Grenze der Dunstschicht
	6ᵃ 25	16,2	1,26	,, Tiefblauer Gegenhimmel, Fernsicht gegen ⊙ dunstig
	7ᵃ 7	23,2	1,35	,,
	8ᵃ 5	33,2	1,45	,, Fernsicht schwach dunstig
	9ᵃ 3	42,5	1,51	Zunehmende Cu-B, Windrichtung SSE gegen W in der Frühe

Kommen wir nochmals auf den Tagesgang in Arosa zurück, so liegen
Vor- und Nachmittagswerte sehr befriedigend symmetrisch zum Mittag;
vor allem, wie Tab. 12 zeigt, im Winter; winterlicher Taldunst (vgl. VII. 1, f)
fehlt bei der Hanglage Arosas eben ganz.

Tabelle 12. Intensitätsdifferenzen (gcal/min cm²) Vormittag minus Nachmittag, Arosa.

	6^a—6^p	7^a—5^p	8^a—4^p	9^a—3^p	10^a—2^p	11^a—1^p
Dez./Febr. . . .				− 0,01	0,00	0,00
März/Mai . . .		0,02	0,02	0,01	0,01	0,01
Juni/Aug. . . .	0,02	0,03	0,02	0,01	0,01	0,00
Sept./Nov. . . .				0,02	0,00	0,00

So sind in Arosa durchschnittlich die Mittagswerte auch die Höchstwerte des Tages; im Mittel von 41 Monaten ist für die Zeit des Maximums $11^a 51$ gefunden. Die mittleren Monatsmaxima gehen entsprechend wie die Mittagswerte und liegen etwa 2% höher:

Dez. 1,47	März 1,57	Juni 1,53	Sept. 1,53
Jan. 1,49	April 1,57	Juli 1,52	Okt. 1,53
Febr. 1,55	Mai 1,55	Aug. 1,54	Nov. 1,50

Als absoluter Höchstwert ist am 19. März 1923 um $11^a 06$ 1,65 gcal/min cm² gemessen. Ein solch hoher Einzelwert, 85% der Solarkonstante (extraterrestrische Gesamtintensität bei mittlerer Sonnenentfernung 1,932) bedarf schon sorgfältiger Kritik. Abgesehen vom Vorbehalt in Kap. III 1a gibt MARTEN als Meßgenauigkeit einer Einzelmessung des MICHELSON-Aktinometers ∓ 2%, wodurch der Wert evtl. auf 1,62 zurückgehen könnte. 1,65 entspräche einem Trübungsfaktor der Atmosphäre (vgl. III. 4, a) = 1,11, der schon sehr gering wäre, ist hierfür doch als Minimalwert am 15. Januar 1925, also im tiefsten Winter, 1,14 gefunden; der entscheidende Wasserdampfgehalt war an letzterem Tag mit 1,5 allerdings der gleiche wie am 19. März 1923; der Wert 1,62 wäre identisch mit einem Trübungsfaktor 1,23. Neuerdings (Frühjahr 1926) kamen 1,58 gcal/min cm² zur Messung. Vorsichtig ausgedrückt darf also wohl gesagt werden: der Maximalwert in Arosa erreicht **1,6 Calorien**.

Natürlich wachsen die Chancen, einen Höchstwert zu erfassen, auch mit der Anzahl der Beobachtungsjahre; dies vorausgeschickt, seien in Tab. 13 die absoluten Höchstwerte einiger Orte zusammengestellt:

Tabelle 13. Vergleichstabelle der absoluten Strahlungsmaxima.

Ort	m	Zeitraum	gcal/min cm²	Datum	Angabe
Jungfraujoch . .	3460	Exkursion.	1,63	30. 9. 23	STENZ
Arosa	1860	Ab Okt. 21	1,65 ?	19. 3. 23	GÖTZ
Davos	1600	Ab 1908	1,59	6. 5. 21	DORNO (4)
Feldberg (Schwarzwald)	1390	Okt. 21 bis März 25	1,49	6. 7. 23	A.u.W. PEPPLER
St. Blasien . .	790	Ab 1920 (ohne 1923)	1,44	14. 4. 24	BAUR
Agra	555	1922/23	1,48	13. 10. 22	SÜRING
Warschau . . .	130	1898/1925	1,46		GORCZYNSKI
Karlsruhe . . .	128	Sept. 21 bis März 25	1,37	3. 4. 23	A.u.W. PEPPLER
Potsdam . . .	100	Ab 1907	1,44	11. 5. 20	MARTEN (2)
Kolberg	5	1914/15	1,41	2. 5. 14	KÄHLER

Tabelle 14. Intensität der rot-ultraroten Sonnenstrahlung Arosa (gcal/min cm²) nach Sonnenhöhe.
Einschließlich 20% Zuschlag für Absorption und Reflexion durch das Filter.

	4°	5°	6°	7,5°	10°	15°	20°	25°	30°	35°	40°	45°	50°	55°	60°	65°
Januar .					0,91	**0,98**	**1,03**	1,05								
					0,92	0,97	1,02									
Februar .					0,89	0,96	1,01	1,03	1,05	1,06						
					0,93	1,01	1,02	1,04	1,04							
März . .					0,84	0,92	0,97	0,99	1,02	1,03	1,04					
					0,82	0,87	0,95	0,97	1,00	1,03	1,04					
April . .					0,83	0,90	0,94	0,97	1,00	1,00	1,01	1,02	1,02			
					0,83	0,89	0,93	0,97	1,00	1,00	1,02	1,02	1,01	1,00		
Mai . . .	0,49	0,54	0,59	0,63	0,73	0,80	0,85	0,88	0,93	0,93	0,94	0,95	0,97	0,98	0,97	0,96
					0,74	0,83	0,86	0,91	0,92	0,93	0,94	0,96	0,97	0,96	0,97	
Juni . .		0,57	0,60	0,66	0,72	0,79	0,83	0,89	0,91	0,92	0,92	0,92	0,95	0,95	0,94	0,96
					0,73	0,78	0,82	0,88	0,89	0,91	0,91	0,94	0,95	0,94	0,95	
Juli . . .	0,50	0,56	0,60	0,64	0,73	0,82	0,86	0,89	0,92	0,93	0,93	0,94	0,95	0,96	0,96	0,96
					0,74	0,77	0,82	0,86	0,89	0,91	0,92	0,94	0,95	0,95	0,96	0,96
August .					0,74	0,83	0,85	0,87	0,91	0,93	0,93	0,96	0,96	0,97	0,96	
					0,75	0,81	0,86	0,89	0,88	0,91	0,92	0,94	0,95	0,96		
September					0,78	0,87	0,91	0,93	0,95	0,96	0,97	0,97	0,98			
					0,78	0,89	0,90	0,92	0,94	0,97	0,97					
Oktober .					0,85	0,94	0,96	0,98	0,99	0,98						
					0,84	0,89	0,92	0,96	0,97							
November					0,89	0,96	0,99	1,00								
					0,89	0,97	0,99									
Dezember				0,81	**0,92**	0,97	1,01									
					0,91	0,97	1,01									
Winter .					$0{,}90^{6}$	$0{,}97^{0}$	$1{,}01^{5}$	$1{,}03^{6}$								
					$0{,}92^{0}$	$0{,}98^{3}$	$1{,}01^{5}$									
Frühjahr					$0{,}79^{9}$	$0{,}87^{2}$	$0{,}91^{9}$	$0{,}94^{9}$	$0{,}98^{4}$	$0{,}98^{6}$	$0{,}99^{7}$	$1{,}00^{4}$				
					$0{,}79^{6}$	$0{,}86^{2}$	$0{,}91^{6}$	$0{,}95^{0}$	$0{,}97^{3}$	$0{,}98^{6}$	$0{,}99^{7}$					
Sommer .					$0{,}72^{8}$	$0{,}81^{2}$	$0{,}84^{8}$	$0{,}88^{3}$	$0{,}91^{3}$	$0{,}92^{8}$	$0{,}92^{9}$	$0{,}94^{0}$	$0{,}95^{0}$	$0{,}95^{6}$	$0{,}95^{4}$	$0{,}96^{0}$
					$0{,}74^{0}$	$0{,}78^{6}$	$0{,}83^{3}$	$0{,}87^{7}$	$0{,}88^{8}$	$0{,}90^{7}$	$0{,}91^{7}$	$0{,}94^{0}$	$0{,}94^{8}$	$0{,}95^{0}$	$0{,}95^{6}$	
Herbst. .					$0{,}83^{9}$	$0{,}92^{3}$	$0{,}95^{2}$	$0{,}97^{1}$	$0{,}98^{0}$							
					$0{,}83^{8}$	$0{,}91^{4}$	$0{,}93^{6}$	$0{,}96^{2}$								
Jahr. . .					$0{,}81^{8}$	$0{,}89^{4}$	$0{,}93^{3}$	$0{,}96^{0}$								
					$0{,}82^{3}$	$0{,}88^{6}$	$0{,}92^{5}$	$0{,}95^{6}$								

Auf die Werte bei geschwächter Helligkeitsstufe der Sonne wird erst später, zusammen mit getrennten Spektralbereichen (IV, 4), eingegangen. Die zur Bildung der Normalwerte herangezogenen Einzelwerte weichen vom Monatsmittel um durchschnittlich $\pm 1{,}8\%$ ab (bei Zusammenfassung zu natürlichen Strahlungsabschnitten statt zu Monaten wäre die Schwankung noch geringer); Trennung nach Vor- und Nachmittag führt zum selben Wert. Die durchschnittliche Abweichung der Einzelwerte vom Monatsmittel ist in Prozenten:

	Sonnenhöhe											
	10°	15°	20°	25°	30°	35°	40°	45°	50°	55°	60°	65°
Winter . .	2	2	2	1								
Frühjahr . .	3	2	2	2	2	1	1	1	2	2		
Sommer . .		2	2	2	2	2	2	2	2	2	1	1
Herbst . .	2	3	3	2	2	1	1	1				

b) Die rot-ultrarote Sonnenstrahlung. Für die rot-ultrarote Strahlung, also den ganzen Teilbereich von Strahlen, deren Wellenlängen λ größer sind als $600\,\mu\mu$, seien zunächst wieder in 14 und 15 analoge Tabellen gegeben wie für die Gesamtstrahlung.

Tabelle 15. Intensität der rot-ultraroten Sonnenstrahlung Arosa (gcal/min cm²) nach Tagesstunde; einschließlich 20% Zuschlag für Absorption und Reflexion durch das Filter.

	5^a	6^a	7^a	8^a	9^a	10^a	11^a	M	1^p	2^p	3^p	4^p	5^p	6^p
15. Jan.					0,93	1,00	1,03	1,03	1,02	0,99	0,93			
15. Febr.				0,89	0,99	1,03	1,04	**1,05**	1,04	1,04	1,02	0,93		
15. März			0,80	0,96	1,01	1,03	1,04	1,04	1,04	1,02	0,99	0,93	0,79	
15. April		0,76	0,92	0,98	1,00	1,02	1,02	1,02	1,02	1,02	1,01	0,98	0,91	
15. Mai	0,48	0,79	0,88	0,93	0,95	0,97	0,98	0,98	0,97	0,97	0,96	0,93	0,90	0,81
15. Juni	0,65	0,81	0,90	0,92	0,93	0,95	0,96	0,96	0,96	0,94	0,94	0,91	0,89	0,80
15. Juli	0,59	0,82	0,90	0,93	0,94	0,96	0,96	0,96	0,96	0,95	0,94	0,91	0,86	0,78
15. Aug.		0,75	0,85	0,92	0,94	0,95	0,96	0,96	0,96	0,95	0,92	0,89	0,86	0,76
15. Sept.			0,83	0,92	0,95	0,97	0,97	0,98	0,97	0,97	0,95	0,91	0,84	
15. Okt.				0,91	0,97	0,99	0,99	0,99	0,98	0,97	0,94	0,88		
15. Nov.					0,94	0,99	1,01	1,01	1,01	0,99	0,95			
15. Dez.					0,88	0,97	1,00	1,01	1,00	0,97	0,89			
Winter					$0{,}93^4$	$1{,}00^2$	$1{,}02^5$	$1{,}03^0$	$1{,}02^4$	$1{,}00^1$	$0{,}94^7$			
Frühjahr			$0{,}86^6$	$0{,}95^8$	$0{,}98^8$	$1{,}00^6$	$1{,}00^9$	$1{,}01^0$	$1{,}00^7$	$1{,}00^2$	$0{,}98^6$	$0{,}94^7$	$0{,}86^8$	
Sommer		$0{,}79^2$	$0{,}88^2$	$0{,}92^2$	$0{,}93^7$	$0{,}95^3$	$0{,}95^9$	$0{,}96^0$	$0{,}95^9$	$0{,}94^7$	$0{,}93^7$	$0{,}90^2$	$0{,}87^2$	$0{,}77^6$
Herbst					$0{,}95^3$	$0{,}98^3$	$0{,}99^0$	$0{,}99^1$	$0{,}98^6$	$0{,}97^4$	$0{,}94^4$			
Jahr					$0{,}95^3$	$0{,}98^6$	$0{,}99^6$	$0{,}99^8$	$0{,}99^4$	$0{,}98^1$	$0{,}95^3$			

Der Tagesgang ist im Rot-Ultrarot noch ausgeglichener als für die Gesamtstrahlung. Für den Tagesgang ist im wesentlichen RAYLEIGHS Gesetz maßgebend, wonach bekanntlich die Zerstreuung des Lichtes umgekehrt proportional der 4. Potenz seiner Wellenlänge erfolgt, falls die Partikel des zerstreuenden Mediums klein sind gegenüber der Wellenlänge des Lichtes. Mit wachsender Schichtdicke tieferer Sonnenstände und entsprechend wachsender Zerstreuung der kurzwelligen Strahlen müssen so die langwelligen roten und ultraroten Strahlen prozentual immer reicher im direkten Sonnenlicht vertreten sein (Tab. 16).

Selbst bei hochstehender Sonne macht Rot-Ultrarot noch $^2/_3$ der Gesamtstrahlung aus; so ist von vornherein ein prinzipieller Unterschied des Jahresgangs der Rot-Ultrarot-Strahlung im Vergleich zur Gesamtstrahlung nicht zu erwarten, wenn auch das für das langwellige Spektralende Charakteristische so natürlich noch unverwischter hervortreten wird. Hier steht an erster Stelle die Abhängigkeit vom Wasserdampfgehalt der Luft.

Berechnen wir wieder entsprechend Tab. 8 für Rot-Ultrarot die prozentualen Strahlungsintensitäten im Mittel der Sonnenhöhen 15—25°

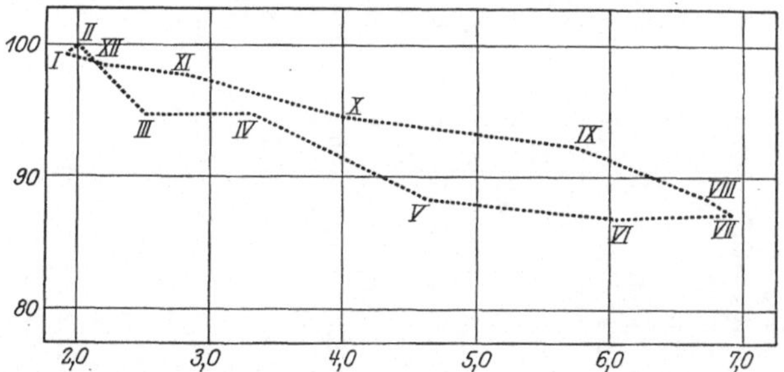

Abb. 7. Relative Rot-Ultrarot-Intensität und Dampfdruck Arosa.

und reduzieren auf gleiche Sonnenentfernung (Tab. 37). Diese Maßzahlen für die Durchlässigkeit der Atmosphäre verschiedener Monate sind nun in Abb. 7 als Funktion des durchschnittlichen Dampfdruckes, also des absoluten Feuchtigkeitsgehalts der Atmosphäre (Tab. 62) aufgetragen.

Man sieht ohne weiteres den inversen Gang von Durchlässigkeit und Dampfdruck, den die Trübungsfaktoren (Abb. 13) noch viel anschaulicher herausarbeiten werden. Ist dies auch das Wesentliche für die langwellige Strahlung, so ist die Sachlage damit doch noch nicht erschöpft: bezogen auf gleichen Dampfdruck bringen die Monate der 2. Jahreshälfte höhere Intensität als die der ersten. Daß dieser besonders bei kurzwelliger, ultravioletter Strahlung so auffällige Sachverhalt hiermit auch für Rot-Ultrarot erwiesen ist, sei besonders betont und wird später noch im Zusammenhang zu besprechen sein. Erklärt sich der Tagesverlauf des Rot-Ultrarotgehalts im wesentlichen durch das RAYLEIGHsche Gesetz, so der Jahresverlauf durch Wasserdampf

Tabelle 16. Prozentualer Rot-Ultrarot-Gehalt der Sonnenstrahlung Arosa nach Sonnenhöhe.

	4°	5°	6°	7,5°	10°	15°	20°	25°	30°	35°	40°	45°	50°	55°	60°	65°
Januar .					79,1	74,0	72,0	69,8								
					78,1	73,8	71,8									
Februar .					76,4	74,0	71,5	69,7	68,9	68,3						
					81,1	75,2	71,9	70,3	68,9							
März . .					79,3	74,9	72,6	70,3	69,4	68,5	67,9	67,0				
					79,3	74,6	71,9	70,1	69,5	68,6	67,3					
April . .					81,7	75,5	72,4	70,0	70,1	69,1	68,4	67,7	67,2			
					81,4	76,6	72,7	71,0	70,3	68,9	68,4	67,6	66,4			
Mai . . .	85,3	84,2	80,8	78,5	78,1	72,4	70,0	68,8	67,8	67,2	66,2	65,2	65,6	65,3	64,9	63,5
					77,6	73,6	72,0	70,3	68,6	67,4	66,5	66,6	65,9	65,0	64,8	
Juni . .		88,0	70,6	82,7	78,4	73,9	71,4	69,7	68,2	66,6	65,6	64,9	65,6	65,0	64,0	64,1
					78,6	72,2	70,1	70,7	68,0	67,0	67,1	65,6	65,3	64,7	64,3	64,0
Juli . . .		86,8		82,8	79,6	73,4	70,3	68,5	67,2	67,0	66,1	65,6	65,4	65,0	64,8	64,6
					78,6	72,0	69,0	68,3	67,6	66,8	66,4	66,4	65,9	65,5	64,9	
August .					74,5	71,3	68,2	67,0	66,1	65,3	65,0	64,9	64,1	64,1	64,0	
					77,3	70,9	69,8	68,8	65,9	65,6	65,3	64,9	64,7	64,2		
September					76,0	72,1	69,6	68,3	67,2	65,8	66,1	65,2	64,7			
					75,4	73,0	71,3	68,2	66,7	66,0	65,6					
Oktober .					73,8	72,6	70,3	69,2	67,9	66,2						
					77,0	73,1	70,4	68,8	67,6							
November					77,9	73,1	70,8	69,5								
					78,1	74,2	71,5	69,8								
Dezember					77,8	73,4	71,2									
					77,9	73,4	70,8									
Winter . .					77,8	73,8	71,5									
					79,1	74,2	71,5									
Frühjahr					79,7	74,3	71,6	69,7	69,1	69,1	67,6	66,6				
					79,4	74,9	72,2	70,4	69,5	68,3	67,4	67,1				
Sommer .					77,5	72,8	70,0	68,4	67,2	66,2	65,6	65,2	65,0	64,7	64,2	
					78,1	71,8	69,8	69,2	67,2	66,5	66,2	65,6	65,3	64,8	64,4	
Herbst . .					75,8	72,7	70,2	69,0								
					76,8	73,2	71,0	68,9								
Jahr . . .					77,8	73,4	70,8	69,2								
					78,4	73,6	71,2	69,6								

und Trübungspartikel, und nun sei auch noch ein etwaiger Gang von Jahr zu Jahr untersucht. Für 34 Monate bis Ende 1924 gibt Tab. 17 die prozentualen Abweichungen des Rotgehalts von den mittleren Werten der Tab. 16.

Tabelle 17. Prozentuale Abweichungen des Rot-Ultrarotgehaltes Arosa von den normalen Mitteln.

	Jan.	Febr.	März	April	Mai	Juni	Juli	Aug.	Sept.	Okt.	Nov.	Dez.	Jahr
1921..										0	1	2	
1922..	−1	0	−1	0	2	−1	0	0	$−0^5$	1	0	0	− 0,0
1923..	1	0	1	0	1		0^5	1	$−0^5$		1	−2	+ 0,3
1924..	0	0	−1		−2	1		−1	0		$−1^5$	−1	− 0,6

Im Verlauf von Jahr zu Jahr entsprechen sich offenbar Abnahme des Rotgehalts und Abnahme der Gesamtstrahlung, was auf wechselnden Wasserdampfgehalt als Hauptursache hinführt. Greifen wir die 4 Extremfälle mit 2% Abweichung heraus, so waren damit übereinstimmend Dezember 1921 und Mai 1922 trockene, Dezember 1923 und Mai 1924 niederschlagsreiche Monate. Zum gleichen Ergebnis kam GOCKEL durch Gegenüberstellung des niederschlagsarmen Sommers 1921 mit dem regenreichen von 1922.

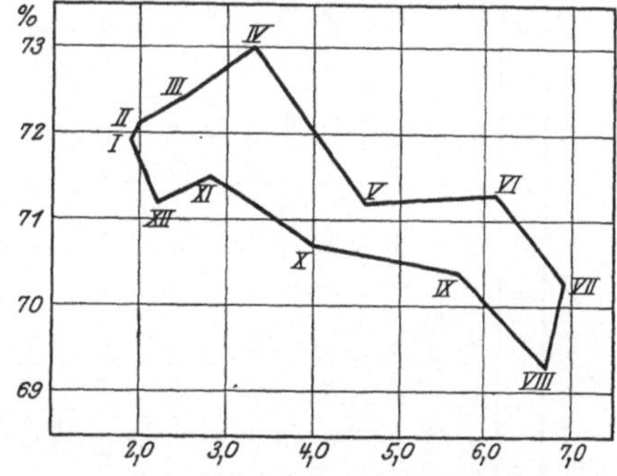

Abb. 8. Rot-Ultrarot-Gehalt und Dampfdruck Arosa.

c) **Die grün-blaue Sonnenstrahlung — Bereich unterhalb der Wellenlänge** λ **600** $\mu\mu$ —. Die Strahlung unterhalb der Wellenlänge 600 $\mu\mu$ ergibt sich nun ohne weiteres als Differenz der Gesamtstrahlung und der Rot-Ultrarot-Strahlung. Wir können uns so auf ausführliche Wiedergabe der Werte lediglich nach Sonnenhöhe beschränken. Schon die Mittagswerte zeigen uns, daß wir hier nun eine Strahlung von viel pointierterem Typ vor uns haben, als wir bisher kennenlernten.

Mittagswerte der grün-blauen Sonnenstrahlung (gcal/min cm²):

15.	Jan.	Febr.	März	April	Mai	Juni	Juli	Aug.	Sept.	Okt.	Nov.	Dez.
	$0{,}41^5$	$0{,}47^5$	$0{,}51^2$	$0{,}52^8$	$0{,}53^0$	$0{,}53^5$	$0{,}52^9$	$0{,}53^6$	$0{,}52^9$	$0{,}49^4$	$0{,}44^8$	$0{,}40^9$

Fielen die Höchstwerte der Gesamtstrahlung auf März, die der Rot-Ultrarot-Strahlung gar noch auf frühere Monate, trotz des niedrigen Standes ihrer Mittagssonne, so überwiegt für die grün-blaue Strahlung

Tabelle 18. Intensität der grünblauen Sonnenstrahlung Arosa (gcal/min cm²). (Strahlungsbereich $\lambda < 600\,\mu\mu$).

	4°	5°	6°	7,5°	10°	15°	20°	25°	30°	35°	40°	45°	50°	55°	60°	65°
Januar . .					$0,24^2$	$0,34^2$	$0,40^2$	$0,44^7$								
					$0,25^0$	$0,34^5$	$0,40^0$									
Februar .						$0,33^5$	$0,40^0$	$0,44^7$	$0,47^7$							
					$0,21^5$	$0,31^9$	$0,39^8$	$0,44^0$	$0,47^4$							
März . .					$0,22^9$	$0,31^9$	$0,37^6$	$0,43^0$	$0,45^7$	$0,48^5$	$0,50^6$	$0,52^6$				
					$0,23^1$	$0,30^6$	$0,38^2$	$0,42^5$	$0,45^9$	$0,47^7$	$0,51^4$					
April . .					$0,29^0$	$0,36^6$	$0,41^9$	$0,43^5$	$0,45^5$	$0,47^6$	$0,51^3$	$0,53^6$				
					$0,27^8$	$0,35^6$	$0,40^8$	$0,43^0$	$0,45^7$	$0,47^1$	$0,51^2$	$0,52^4$				
Mai . . .	$0,07^3$	$0,08^9$	$0,12^6$	$0,17^1$	$0,21^4$	$0,30^6$	$0,36^3$	$0,40^0$	$0,44^1$	$0,45^6$	$0,48^1$	$0,50^8$	$0,50^9$	$0,51^8$	$0,52^3$	$0,54^5$
					$0,22^4$	$0,29^6$	$0,33^6$	$0,38^3$	$0,41^9$	$0,44^8$	$0,47^3$	$0,48^1$	$0,50^1$	$0,51^3$	$0,52^3$	
Juni . .		$0,08^4$	$0,11^6$	$0,14^4$	$0,20^4$	$0,28^3$	$0,33^5$	$0,38^9$	$0,42^6$	$0,46^3$	$0,48^1$	$0,49^8$	$0,49^5$	$0,50^8$	$0,53^1$	$0,53^8$
					$0,20^0$	$0,24^5$	$0,31^9$	$0,37^6$	$0,40^8$	$0,45^3$	$0,46^2$	$0,49^2$	$0,51^3$	$0,51^4$	$0,52^6$	$0,53^1$
Juli . . .	$0,07^0$	$0,09^0$	$0,11^9$	$0,17^0$	$0,21^9$	$0,30^7$	$0,36^5$	$0,41^0$	$0,44^6$	$0,46^0$	$0,47^6$	$0,49^4$	$0,50^4$	$0,51^4$	$0,51^9$	$0,51^7$
					$0,20^0$	$0,30^2$	$0,36^0$	$0,40^0$	$0,43^1$	$0,44^8$	$0,46^7$	$0,48^4$	$0,49^3$	$0,49^8$	$0,51^5$	$0,53^0$
August .					$0,25^7$	$0,33^7$	$0,40^8$	$0,44^5$	$0,46^3$	$0,49^1$	$0,50^3$	$0,51^7$	$0,53^2$	$0,53^9$	$0,54^2$	
					$0,22^0$	$0,33^1$	$0,37^7$	$0,42^2$	$0,46^8$	$0,47^6$	$0,48^9$	$0,50^8$	$0,51^9$	$0,53^8$		
September					$0,24^7$	$0,33^4$	$0,39^0$	$0,43^3$	$0,46^8$	$0,49^4$	$0,50^2$	$0,52^3$	$0,53^8$			
					$0,23^4$	$0,32^7$	$0,36^4$	$0,42^5$	$0,45^5$	$0,48^9$	$0,50^5$	$0,52^3$				
Oktober .					$0,30^2$	$0,33^9$	$0,40^5$	$0,43^5$	$0,46^6$	$0,50^0$						
					$0,25^1$	$0,30^4$	$0,37^5$	$0,42^9$	$0,46^6$							
November					$0,26^1$	$0,35^5$	$0,40^8$	$0,44^0$								
					$0,23^7$	$0,33^5$	$0,40^3$	$0,43^9$								
Dezember					$0,26^2$	$0,35^0$	$0,40^6$									
					$0,25^4$	$0,35^2$	$0,41^0$									
Winter . .					$0,26^0$	$0,34^2$	$0,40^3$									
					$0,24^0$	$0,33^9$	$0,40^3$									
Frühjahr					$0,21^9$	$0,30^5$	$0,36^8$	$0,41^6$	$0,44^4$	$0,46^5$	$0,48^8$	$0,51^6$				
					$0,22^5$	$0,29^3$	$0,35^8$	$0,40^5$	$0,43^6$	$0,46^1$	$0,48^6$	$0,50^6$				
Sommer .					$0,22^7$	$0,30^9$	$0,36^9$	$0,41^5$	$0,44^5$	$0,47^1$	$0,48^7$	$0,50^3$	$0,51^0$	$0,52^0$	$0,53^1$	$0,53^5$
					$0,20^7$	$0,29^3$	$0,35^2$	$0,39^9$	$0,43^6$	$0,45^9$	$0,47^3$	$0,49^5$	$0,50^8$	$0,51^7$	$0,52^8$	
Herbst . .					$0,27^0$	$0,34^3$	$0,40^1$	$0,43^6$								
					$0,24^1$	$0,32^2$	$0,38^1$	$0,43^1$								
Jahr . . .					$0,24^4$	$0,32^5$	$0,38^5$	$0,42^8$								
					$0,22^8$	$0,31^2$	$0,37^4$	$0,42^0$								

die RAYLEIGHsche Zerstreuung nun die übrigen Einflüsse, indem vor allem die Höhe des Sonnenstandes für die Intensität entscheidend ist. Ganz entsprechend geht auch im Tagesverlauf solcher Einzeltage, an denen die Gesamtstrahlung eine leichte mittägliche Depression zeigt, diese auf die ultrarote und nicht die grün-blaue Komponente zurück. Abb. 9 zeigt an den Sommerwerten klar den viel größeren Einfluß, den die Sonnenhöhe, also die durchlaufene Schichtdicke, auf die kurzwellige Strahlung hat im Vergleich mit der rot-ultraroten; es sind dort in üblicher Weise Logarithmen der Intensität als Funktion der durchlaufenen Luftmasse m dargestellt (übrigens auch Intensität und Sonnenhöhe beigeschrieben), wobei sowohl für die Gesamtstrahlung wie für die beiden Unterbereiche jeweils der extraterrestrische Wert = 100 gesetzt ist; die Solarkonstante 1,932 ist dabei zerlegt in die Summe von 1,135 ($\lambda > 600\ \mu\mu$) und 0,717 ($\lambda < 600\ \mu\mu$) gcal/min cm².

Überraschend ist vor allem der gegenüber der Ultrarot-Strahlung ganz andersartige Jahresgang der Intensität der gleich hoch stehenden Sonne, wie er sich für Grün-Blau (Tab. 37 und Abb. 20) herausschält.

Der prozentuale Blaugehalt der Sonne ergibt sich ohne weiteres als Ergänzung des Rotgehalts der Tab. 16. Dabei entspricht, wie leicht ersichtlich, einer Änderung des Rot-Ultrarotgehalts eine bedeutend stärkere des Grün-

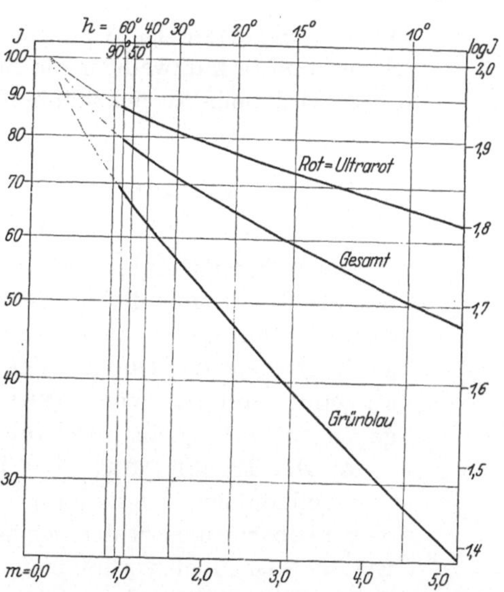

Abb. 9. Teilbereiche der Gesamtsonnenstrahlung in Abhängigkeit von der Luftmasse m, Arosa.

Blaugehalts; die wenigen Prozent Abnahme des Rotgehalts mit wachsender Meereshöhe, wie sie sich aus dem Vergleich verschiedener Orte ergeben, sind gleichbedeutend mit einer schon recht beachtenswerten Zunahme des Blaugehalts der Sonne der Höhe. So zeigt die Zusammensetzung der Aroser Sonne von 15° Höhe im Jahresmittel einen 2,4% geringeren Rot-Ultrarotgehalt und 7,7% höheren Grün-Blaugehalt gegenüber dem sehr günstige Zahlen meldenden 550 m hohen Agra (SÜRING) ob Lugano im Tessin.

Da die in Agra und Arosa verwendeten Filter vergleichbare Werte liefern, seien überhaupt zum Schluß in Tab. 19 die Strahlungsintensitäten dieser beiden Orte für Rot-Ultrarot und Grün-Blau verglichen — als weitere Veranschaulichung meiner Trennung nach Spektralbereichen; die Tabelle gibt die Strahlungsstärke in Agra als Bruchteil derjenigen von Arosa.

Tabelle 19. Intensitätsverhältnisse Agra:Arosa nach getrennten Spektralbereichen.

	Rot-Ultrarot ($\lambda > 600\ \mu\mu$)					Grün-Blau ($\lambda < 600\ \mu\mu$)				
	10°	20°	30°	40°	60°	10°	20°	30°	40°	60°
Winter .	0,87	0,91				0,81	0,87			
Frühjahr .	0,70	0,78	0,83	0,87		0,64	0,74	0,84	0,88	
Sommer .	0,66	0,74	0,78	0,81	0,84	0,57	0,63	0,69	0,79	0,86
Herbst .	0,79	0,87				0,55	0,80			

Wie zu erwarten, ist der Unterschied um so größer, je niedriger die Sonne und je kurzwelliger die Strahlung; auf den interessanten Jahresgang wird noch zurückzukommen sein.

4. Durchlässigkeit für Wärmestrahlung und Reinheitsgrad der Atmosphäre.

Als Maß der Durchlässigkeit der Atmosphäre mag man die Intensität bei gleicher Sonnenhöhe unter Berücksichtigung der verschiedenen Sonnenentfernung nehmen, wie z. B. in Tab. 8. Alt eingebürgert ist als Koeffizient der Durchlässigkeit der Transmissionskoeffizient. Zuvor sei jedoch auf den von LINKE (2) eingeführten Trübungsfaktor eingegangen, da er sehr anschaulich ist.

a) Der Trübungsgrad. Der Trübungsfaktor bezeichnet die Anzahl T von vollkommen wasserdampf- und dunstfreien Atmosphären, welche dem Beobachtungsort die gleiche Strahlungsintensität zukommen ließen wie die tatsächlich vorhandene mehr oder minder getrübte Atmosphäre. Faßt man die Einbuße der Strahlung nach Helligkeitslogarithmen oder astronomischen Größenklassen, so formuliert sich rechnerisch der Trübungsfaktor einfach als das Verhältnis der gefundenen Einbuße zur minimalen Einbuße in völlig ungetrübter Atmosphäre. Bedenken gegen den Trübungsfaktor werden davon ausgehen können, ob wir über diesem letzteren Generalnenner genügend genau unterrichtet sind; LINKE stützt sich diesbezüglich auf C. G. ABBOTS (1) Resultate; als Solarkonstante sind 1,932 gcal/min cm² zugrunde gelegt; und als Intensitäten, welche von der Schichtdicke m ($m = 1$ die bei Zenithdistanz des Gestirns und 760 mm Luftdruck vom Strahl durchlaufene Luftmasse) einer vollkommen trockenen und dunstfreien Atmosphäre durchgelassen werden:

$m =$	0	0,5	1	2	3	4	6	8	10
Jm	1,932	1,798	1,700	1,544	1,423	1,321	1,153	1,027	0,922

So berechnet sich auf Grund von Tab. 7:

Tabelle 20.
Trübungsfaktor für Gesamtsonnenstrahlung Arosa nach Tagesstunde.

	5ᵃ	6ᵃ	7ᵃ	8ᵃ	9ᵃ	10ᵃ	11ᵃ	M	1ᵖ	2ᵖ	3ᵖ	4ᵖ	5ᵖ	6ᵖ	Tages-mittel
15. Jan.					1,33	1,33	1,36	1,37	**1,38**	1,35	1,30				1,34
15. Febr.				1,30	1,37	1,36	1,39	**1,42**	1,39	1,34	1,31	1,26			1,35
15. März			1,43	1,43	1,45	1,50	1,52	1,53	**1,57**	1,56	1,54	1,51	1,48		1,50
15. Apr.		1,57	1,54	1,52	1,61	1,63	1,69	**1,70**	1,70	1,58	1,57	1,57	1,59		1,61
15. Mai	1,52	1,69	1,79	1,82	1,82	1,85	1,89	1,91	**1,95**	1,94	1,89	1,88	1,81	1,66	1,81
15. Juni	1,63	1,71	1,78	1,79	1,90	1,94	1,93	**1,95**	1,92	1,90	1,90	1,89	1,88	1,79	1,84
15. Juli	1,63	1,65	1,67	1,79	1,89	1,94	1,98	1,97	1,98	**2,04**	1,87	1,84	1,78	1,78	1,83
15. Aug.		1,57	1,61	1,67	1,75	1,75	1,79	1,85	1,85	**1,87**	1,86	1,76	1,64	1,55	1,73
15. Sept.			1,44	1,44	1,59	1,68	1,71	1,70	**1,71**	1,67	1,60	1,60	1,44		1,59
15. Okt.				1,33	1,43	1,50	1,57	1,60	**1,62**	1,59	1,55	1,49			1,51
15. Nov.					1,25	1,39	**1,42**	1,41	1,41	1,34	1,29				1,34
15. Dez.					1,30	1,32	1.36	1,35	**1,36**	1,32	1,29				1,33
Winter					1,33	1,34	1,37	**1,38**	1,38	1,34	1,30				1,34
Frühjahr			1,59	1,59	1,63	1,66	1,70	1,71	**1,74**	1,69	1,67	1,65	1,63		1,64
Sommer	1,60	1,64	1,69	1,75	1,84	1,87	1,90	1,92	1,92	**1,94**	1,88	1,83	1,79	1,71	1,80
Herbst					1,42	1,53	1,56	1,57	**1,58**	1,53	1,48				1,48
Jahr					1,55⁶	1,59⁹	1,63⁴	1,64⁶	**1,65³**	1,62⁶	1,58¹				1,57

Für den 15. Januar 1925 10ᵃ ist ein Trübungsfaktor von nur 1,13 verbürgt (der Wert beruht auf 2 Doppelsatzmessungen direkt mit dem Silverdisk); man muß sich hierzu nochmals vergegenwärtigen, daß $T = 1$ eine völlig wasserdampf- und trübungsfreie Atmosphäre bedeutet. Abgesehen vom Winter, ist nachmittags die Trübung in Arosa etwas größer als vormittags, übereinstimmend mit dem etwas größeren Rotgehalt der Sonne. In Abb. 10 ist nun zunächst der Tagesverlauf von Arosa mit demjenigen des 680 m hohen Freiburg (Schweiz) (Gockel) und des 820 m

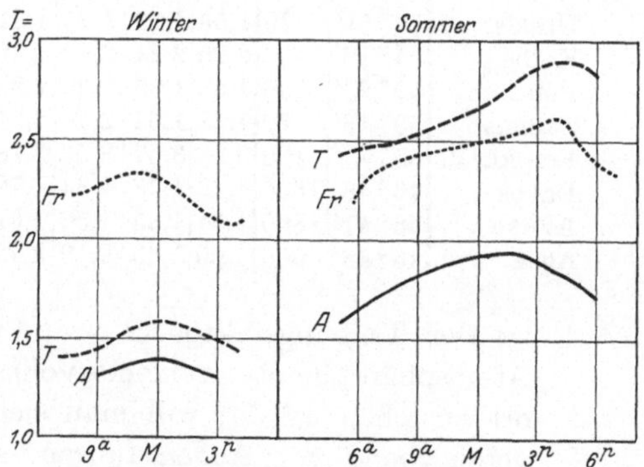

Abb. 10. Tagesgang des Trübungsfaktors im Taunus, in Freiburg (Schweiz) und in Arosa.

hohen Taunusobservatoriums (Boda u. Roth) zusammen gezeichnet, wobei wir — um mit Freiburg vergleichen zu können — hier als Winter die Monate November bis Februar zusammenfassen und als Sommer Mai bis August, eine Unterteilung, der sich, wie erwähnt, ja auch die Aroser Zahlen zwanglos fügen; die Freiburger Kurven sind in dieser Abbildung geglättet, um den Typus deutlicher hervortreten zu lassen. Man sieht, wie der Trübungsfaktor den Trübungstyp sehr anschaulich herauszustellen vermag. Im Sommer Verschiebung des Trübungsmaximums in die Nachmittagsstunden, in Arosa auf 2^p, im Mittelgebirge und Alpenvorland auf 4^p; im Winter höchste Trübung um Mittag, soweit nicht, wie in Freiburg — auch Davos zeigt dies — infolge Taldunstes die höchste Trübung auf den Vormittag fällt. Vor allem interessiert in der Abbildung der starke Jahresgang der Trübung, der krasse Unterschied zweier doch in annähernd gleicher Meereshöhe befindlicher Orte: einerseits der Hochfläche des Alpenvorlandes — mit übrigens höchster Trübung in den Übergangsmonaten —, andererseits eines Gipfels des deutschen Mittelgebirges.

LINKE (3) hat für eine größere Anzahl von Orten die Monatsmittel der Trübung zusammengestellt, als Mittelwert für den europäischen Kontinent gibt er 2,25; seiner Zusammenstellung, der Freiburg (Schweiz) mit 2,42 im Jahresmittel einzufügen wäre, sei Tab. 20a entnommen. In Frankfurt verwischen die Großstadteinflüsse ganz die jahreszeitlich-meteorologischen Gesetzmäßigkeiten. Ein schönes Beispiel für Großstadtrauch gibt übrigens IRVING F. HAND in der Monthly Weather Review, welche überhaupt eine wichtige Fundgrube für lichtklimatische Daten ist.

Tabelle 20a. Monatsmittel des Trübungsfaktors nach LINKE.

	φ	m	Jan.	Febr.	März	April	Mai	Juni	Juli	Aug.	Sept.	Okt.	Nov.	Dez.	Jahr
Upsala . .	59° 51′	20	1,53	1,79	1,75	1,81	1,99	2,01	1,93	1,83	1,83	1,64	1,53	1,50	1,76
Kolberg .	54° 12′	—	2,26	2,24	2,02	1,96	2,00	2,44	3,02	2,79	2,20	2,26	2,23	2,26	2,31
Potsdam .	52° 23′	106	1,83	1,96	2,22	2,22	2,35	2,48	2,61	2,88	2,48	2,35	1,96	2,08	2,05
Taunus .	50° 13′	820	1,38	1,68	2,45	2,34	2,58	2,92	2,68	2,56	1,97	1,66	1,42	1,33	2,10
Frankf./M.	50° 7′	100	3,55	3,67	3,55	3,28	3,40	3,75	3,93	3,80	3,50	3,10	2,96	3,22	3,48
Davos . .	46° 48′	1600	1,49	1,75	1,84	1,79	2,05	2,14	2,30	1,92	1,84	1,74	1,68	1,61	1,85
Arosa . .	46° 47′	1860	1,34	1,35	1,50	1,61	1,81	1,84	1,83	1,73	1,59	1,51	1,34	1,33	1,57
Agra . .	45° 48′	555	1,60	1,43	2,19	2,22	2,47	2,56	3,08	2,60	2,23	1,84	1,78	1,65	2,14

Der Trübungsfaktor gibt an, wieviel mal höher als die getrübte Atmosphäre eine sie ersetzende vollkommen reine über dem Beobachtungsort anstehen würde; will man sich diese Höhe für verschiedene Orte vergleichend vor Augen führen, so muß natürlich beachtet werden, daß beispielsweise über Arosa von vornherein nur noch 80% der Luftschichten des Tieflandes liegen; es sind so dem Barometerstand entsprechend die Trübungsfaktoren noch multipliziert für Frankfurt mit 0,99, für den Taunus mit 0,90, für Arosa mit 0,80 — dann hat man die Höhe eines als ungetrübt einheitlich strahlungsschwächend gedachten Luftmeeres, wie es über den verschiedenen Orten ansteht. Dies gibt eine sehr anschauliche Darstellung (Abb. 11).

Zum besseren Einblick in die Gesetzmäßigkeiten des Trübungsgrades wählen wir wieder die Darstellung als Funktion des Dampfdrucks; Abb. 12 gibt so den Jahresgang für Arosa und das Taunusobservatorium. Natürlich finden wir auch hier wie etwa in Abb. 7 die größere Trübung der 1. Jahreshälfte, die, wie noch gezeigt werden wird, zurückgeht auf Teilchen, die nach der 2. Potenz der Wellenlänge zerstreuen. Interessant ist, wie der Taunus ganz denselben Jahresgang zeigt wie Arosa, nur mit viel größerer Amplitude, die Trübung also durch Hinzutreten tieferer Luftschichten stark vermehrt wird.

Für Arosa ist, statt wie bisher nur für Gesamtstrahlung, nun auch der Trübungsfaktor für getrennte Strahlenbereiche (Rot-Ultrarot und Grünblau, bestimmt. Von den Ergebnissen (Götz [1]) sei hier nur das Tagesmittel wiedergegeben, Tab. 21; in Abb. 13 bringen wir die Trübungsfaktoren für Gesamtstrahlung, Rot-Ultrarot und Grünblau dann wieder in Abhängigkeit vom Dampfdruck.

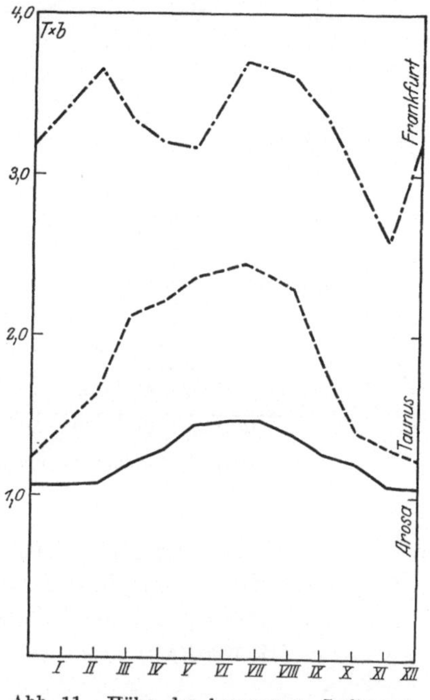

Abb. 11. Höhe des homogenen Luftmeers gemäß der Wärmestrahlung.

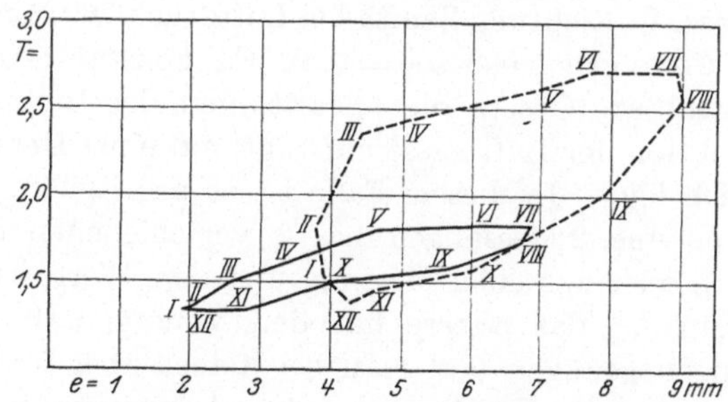

Abb. 12. Trübungsfaktor (T) für Gesamtstrahlung nach Dampfdruck (e).
—— Arosa (1860 m); – – – – Taunus (820 m).

Tabelle 21. Der Trübungsfaktor getrennter Spektralbereiche Arosa.

	Jan.	Febr.	März	April	Mai	Juni	Juli	Aug.	Sept.	Okt.	Nov.	Dez.	Jahr
Rot-Ultrarot . .	1,67	1,71	2,21	2,35	3,34	3,59	3,46	3,44	2,91	2,40	1,89	1,77	2,56
Grünblau . . .	1,30	1,28	1,35	1,44	1,47	1,44	1,44	1,31	1,27	1,27	1,21	1,23	1,33

Abb. 13 zeigt sehr anschaulich, wie die rotultrarote Komponente
es ist, die in erster Linie vom Wasserdampf der Atmosphäre ge-

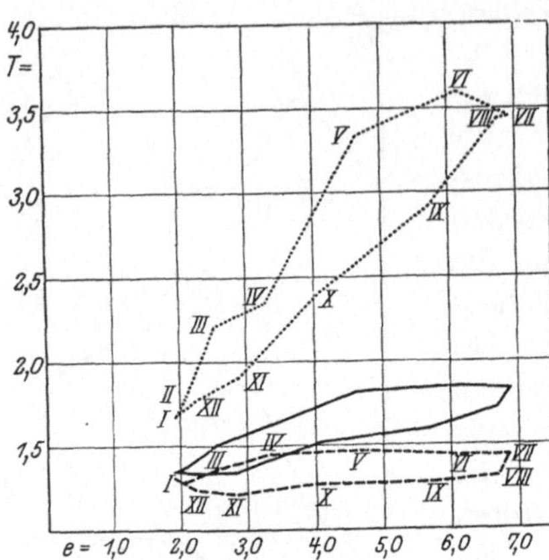

Abb.13. Partielle Trübungsfaktoren und Dampfdruck Arosa.
—— Gesamt; ··· Rot-Ultrarot; – – – Grünblau.

schwächt wird, während dessen
Einfluß auf die grünblaue Strahlung
stark zurückbleibt. Dies ist nach
Lage der Wasserstoffbanden im
Ultrarot-Rot ja auch zu erwarten.
Auch W. HARTMANN hat Trübungsfaktoren für einen Teilbereich des
Sonnenspektrums bestimmt, und
zwar für die Strahlung, auf welche
die Natriumzelle anspricht (Strah-
len $\lambda < 600\ \mu\mu$, maximale Empfindlichkeit bei $\lambda\ 390\ \mu\mu$):

Jahresmittel des Trübungsfaktors

	Gesamt	kurzwellig
Arosa . .	1,57	1,33
Taunus .	2,10	1,51

b) Der Transmissionskoeffizient. Nach BOUGUER-LAMBERTS Grund-
gesetz der atmosphärischen Optik wird homogene Strahlung, die außerhalb
der Atmosphäre die Intensität J_0 hat, nach Durchlaufen der Luftmasse
m (BEMPORAD) geschwächt zu

$$J = J_0 \cdot a^m .$$

Die Bedeutung der Konstante a, des Transmissionskoeffizienten, ergibt
sich (aus $a = J_1/J_0$ für $m = 1$) als das Verhältnis der von der Einheit
der Luftmasse durchgelassenen zur auffallenden Intensität ($m = 1$
Luftmasse in Richtung Zenith bei Luftdruck 760; Luftmasse in Richtung
Zenith Arosa gleich $609/760 = 0,8$). Für konstantes a liegen als Folgerung
von LAMBERTS Gesetz die Logarithmen der Intensität, wenn man sie
als Funktion der Luftmasse aufträgt, auf einer Geraden; deren Neigung
ist gleich $\log a$. In diesem Falle ist es prinzipiell gleichgültig, ob ich a
berechne aus 2 Messungen bei 2 verschiedenen Sonnenhöhen (Luftmassen), oder aus einer Messung und dem Wert der extraterrestrischen
Strahlung J_0; das erstere hat den Vorzug, daß relative Intensitätsmessungen genügen und man bei Reihen über längere Zeit unabhängig
ist von etwaiger Empfindlichkeitsänderung des Instruments.

Zum selben Resultat führen beide Wege nun nicht mehr bei einem
breiten Spektralbereich inhomogener Strahlung (Gesamtwärmestrahlung)
oder auch bei engem Strahlenbereich, falls die Durchlässigkeit der Einzel-
strahlen des Gemisches merklich verschieden ist, wie im Bereich der
ultraroten Wasserstoffbanden (WILSING) oder im äußersten Sonnenultraviolett. Die Kurven in Abb. 9 sind keine Geraden; je geringer die

durchlaufene Luftmasse, desto eher vermögen sich die Strahlungskomponenten kleinerer Durchlässigkeit im gemeinsamen Transmissionskoeffizienten zur Geltung zu bringen.

Transmissionskoeffizienten Arosa,
berechnet aus den Intensitäten zweier verschiedener Sonnenstände:

$h =$	Gesamtstrahlung		
	60°/40°	40°/20°	20°/10°
Mai/Juli 22	0,838	0,849	0,905
Jahresmittel 21/22 .			0,906

$h =$	Rot-Ultrarot			Grünblau		
	60°/40°	40°/20°	20°/10°	60°/40°	20°/40°	20°/10°
Mai/Juli 22	0,891	0,910	0,943	0,728	0,740	0,804
Jahresmittel 21/22 .			0,948			0,796

Will man in solchem Fall inhomogener Strahlung auf Transmissionskoeffizienten nicht verzichten, so ist also mindestens die Art der Berechnung genau anzugeben. Die meisten Autoren berechnen den Transmissionskoeffizienten für Wärmestrahlung aus Solarkonstante und Intensität bei Luftmasse 2, d. h. nach der Terminologie von LINKE (2) den „wirklichen Transmissionskoeffizienten für Luftmasse 2".

Tabelle 22. Wirkliche Transmissionskoeffizienten für 25° Sonnenhöhe, Arosa (m = 1,9). Mittel aus Vor- und Nachmittag.

	Jan.	Febr.	März	April	Mai	Juni	Juli	Aug.	Sept.	Okt.	Nov.	Dez.	Jahr
Gesamt	0,854	0,859	0,845	0,839	0,815	0,813	0,819	0,829	0,834	0,845	0,848	0.851	0,838
Rot-UR.	0,941	0,942	0,920	0,924	0,893	0,893	0,888	0.885	0,904	0,920	0,926	0,930	0,914
Grünblau	0,723	0,723	0,713	0,708	0,695	0,691	0,713	0,736	0,726	0,723	0,721	0,723	0,716

Der von der Einheit der Luftmasse — für welche man sich in Arosa den Strahlenweg der Sonne von 53° Höhe vorzustellen hat — in Arosa durchgelassene Bruchteil beträgt also für

Gesamtintensität   Rot-Ultrarot   Grünblau
83,8%   91,4%   71,6%

Verschiedene Autoren — wie DORNO — beziehen ihre Angaben auf die über ihrem Beobachtungsort selbst liegende vertikale Luftsäule als Einheit. So gerechnet, gelangen nach Arosa die folgenden Bruchteile vertikal einfallender Strahlung:

86,8%   93,0%   76,5%

Die Transmissionskoeffizienten für die Strahlung $\lambda < 600\ \mu\mu$ dürften wohl berechtigen, diesen Bereich als Grünblau (Hellblau) zu bezeichnen. Als optischer Schwerpunkt unserer verschiedenen Strahlungsbereiche bei trockener, dunstfreier Luft (LINKE [2]) ergibt sich für Schichtdicke 2 — die wirksame Wellenlänge nimmt mit der Schichtdicke ja zu — für die Gesamtstrahlung λ 870 $\mu\mu$, für Rot-Ultrarot λ 1050 $\mu\mu$, für Grünblau λ 490 $\mu\mu$.

5. Die Strahlungssummen der Sonnenenergie.

Vom klimatischen Gesichtspunkt sind die Strahlungssummen, welche die Sonne über einen längeren Zeitraum spendet, von noch größerem Interesse als die Einzelwerte ihrer Strahlungsstärke. Dabei sind auseinanderzuhalten einerseits wolkenlose Tage, andererseits Tages-, Monats- und Jahressummen, wie sie sich bei durchschnittlicher Sonnenscheindauer (Tab. 1) ergeben.

a) Art der Berechnung. Die dem Quadratzentimeter einer beliebig orientierten Fläche (Horizontalebene, Südwand usw.) pro Minute zuströmende Energie ergibt sich als das Produkt aus Intensität (für Gesamtstrahlung Tab. 7) und dem Cosinus des Einfallwinkels der Strahlung; alle diese sich dauernd ändernden Einzelwerte sind über die ganze Strahlungsdauer zu summieren. Bei dem großen Umfang meiner derartigen Berechnungen ist die übliche graphische Summierung durch eine, zudem wohl sicherere, rechnerische ersetzt; die grundlegenden Tabellen wurden von vornherein halbstunden- statt stundenweise angelegt und dann nach der SIMPSONschen Regel der mittlere Stundenwert berechnet. Beispielsweise hat die Gesamtstrahlung am 15. April zwischen 7^a und 8^a folgende Intensitäten:

$$
\begin{array}{lll}
7^a & 1{,}248 & \text{gcal/min cm}^2 \\
7\tfrac{1}{2}^a & 1{,}343 & \text{,,} \\
8^a & 1{,}413 & \text{,,}
\end{array}
$$

daraus folgt als mittlere Intensität zwischen 7^a und 8^a $(1{,}248 + 4 \times 1{,}343 + 1{,}413) / 6 = 1{,}339$. Diese mittlere stündliche Intensität wird dann mit dem entsprechenden mittleren stündlichen Einfallswinkel multipliziert, sowie endlich mit der stündlichen Dauer des Sonnenscheins nach Minuten, um die einem Quadratzentimeter zukommende Wärmesumme für die vorliegende Stunde zu erhalten; Sonnenauf- und -untergang ist dabei jeweils streng berücksichtigt.

Die Berechnungen des Einfallswinkels z, für den — wenn φ die geographische Breite, δ Sonnendeklination und t Stundenwinkel der Sonne — für eine horizontale Fläche die bekannte Formel gilt:

$$
\cos z = \sin \varphi \sin \delta + \cos \varphi \cos \delta \cos t \, ,
$$

erfolgen für einen Südhang mit dem Neigungswinkel α (für Nordhang negatives Vorzeichen für α) nach der Formel

$$
\cos z = \sin (\varphi - \alpha) \sin \delta + \cos (\varphi - \alpha) \cos \delta \cdot \cos t \, ,
$$

also wie für die Horizontalfläche einer um α^0 niedrigeren (für den Nordhang um α^0 höheren, $\varphi + \alpha$) geographischen Breite.

b) Die Wärmesummen der zur Strahlungsrichtung stets normalen Fläche. Vergleichsmöglichkeiten finden sich merkwürdigerweise in der

Tabelle 23. Wärmesummen (gcal/min cm²) der zur Strahlungsrichtung normalen Fläche, Arosa.

	15. Jan.	15. Febr.	15. März	15. April	15. Mai	15. Juni	15. Juli	15. Aug.	15. Sept.	15. Okt.	15. Nov.	15. Dez.	Jahr Summe	Jahr Amplitude
Wolkenlos . .	543	686	857	977	1070	1112	1091	1016	899	713	584	488	—	2,3 : 1
Mittl. Sonnenscheindauer	284	398	447	459	428	452	522	574	492	387	324	258	152 800	2,2 : 1

Literatur fast nur für wolkenlose Tage. Offenbar wird allgemein mehr Gewicht gelegt auf

c) die auf die Horizontalfläche entfallenden Strahlungssummen. Es seien darum diese auch in Tab. 24 und 25 auf Seite 36 in üblicher ausführlicher Weise von Stunde zu Stunde wiedergegeben.

Die kleinen Unstimmigkeiten im Vergleich beider Tabellen für die frühen Morgen- und späten Abendstunden gehen darauf zurück, daß für wolkenlosen Himmel der Horizont der Station zugrunde gelegt ist, für durchschnittliche Sonnenscheindauer auch in den frühen Morgenstunden die Werte der Tabelle 1, um jede Willkür zu vermeiden. Tab. 26 gibt wieder eine Zusammenstellung einer größeren Anzahl anderer Orte.

Tabelle 26. Vergleichstabelle der Wärmesummen der Horizontalfläche bei durchschnittlicher Sonnenscheindauer.

Ort	Periode Sonnenschein	Periode Intensität	Jan.	Febr.	März	April	Mai	Juni	Juli	Aug.	Sept.	Okt.	Nov.	Dez.	Jahressumme
Kolberg .	1890/1915	1914/1915	14	42	109	226	346	358	313	238	180	72	19	7	58 700
Potsdam .	1893/1912	1907/1915	20	46	108	204	281	318	267	220	163	76	27	13	53 200
Taunus .	1911/1921	1919/1922	24	58	90	183	294	287	238	220	159	94	26	11⁵	50 700
Karlsruhe	1895/1924	1921/1925	17	56	125	194	291	314	291	238	169	74	27	11	55 170
St. Blasien	1906/1915	1919/1924	48	93	135	224	263	280	297	311	204	120	50	30	62 600
Davos . .	1899/1908	1909/1910	77	120	202	249	320	352	361	368	270	171	97	63	80 800
	1885/1920	1909/1910													79 200
Arosa . .	1890/1899	1921/1925	**86**	**157**	**226**	**276**	**280**	**306**	**350**	**358**	**289**	**176**	**110**	**73**	**81 900**
	(1885/1920)	1921/1925													79 500
Agra . .	(1886/1922)	1922/1923	102	160	189	253	313	420	372	347	242	147	87	67	81 700

Die Täler des Rhätischen Hochgebirgsplateaus erhalten also jährlich 80 kg-cal; wegen seiner längeren Sonnenscheindauer steht ihnen auch das Tessin nicht nach. Ein ganz besonderes Augenmerk verdient wieder die Verteilung dieser wichtigen Größe über das Jahr, so ist noch in Tab. 27 eine Vergleichstabelle der jährlichen Amplituden gegeben, also

Tabelle 24. Wärmesummen (gcal/cm²) der Horizontalfläche für wolkenlosen Tag, Arosa.

	$4-5^a$	$5-6^a$	$6-7^a$	$7-8^a$	$8-9^a$	$9-10^a$	$10-11^a$	$11-12^a$	$12-1^p$	$1-2^p$	$2-3^p$	$3-4^p$	$4-5^p$	$5-6^p$	$6-7^p$	Tagessumme
15. Jan.					4,6	18,3	27,4	31,8	31,7	27,2	18,4	3,3				162,7
Febr.				0,2	18,6	31,5	40,9	45,6	45,5	40,9	31,8	18,5				273,5
März				15,5	32,7	45,8	55,3	60,3	59,9	54,8	45,2	32,0	16,2	0,1		417,8
April			12,8	30,6	46,4	59,2	68,3	73,0	73,0	68,5	59,6	46,3	30,3	10,1		578,1
Mai		7,7	22,6	38,6	53,5	66,2	74,8	79,1	78,7	74,0	65,6	53,0	38,3	22,6	3,2	677,9
Juni	1,6	12,2	27,3	43,0	57,3	68,7	77,3	81,6	81,5	77,6	68,8	56,9	42,2	26,7	6,6	**729,3**
Juli	0,8	10,6	26,0	41,7	55,6	67,1	73,9	79,8	79,8	75,2	66,7	55,2	40,7	25,0	4,5	702,6
Aug.		2,9	18,4	34,4	49,5	62,1	70,9	75,3	74,9	69,7	60,8	48,4	35,0	18,0		620,3
Sept.			4,4	22,7	37,9	50,7	59,6	64,4	64,4	59,7	50,8	37,6	26,1	3,0		481,3
Okt.				2,7	24,2	36,6	45,2	50,0	49,8	44,9	36,0	23,3	5,1			317,7
Nov.					8,4	22,9	31,1	35,8	35,9	31,5	22,9	7,0				195,5
Dez.					0,2	15,7	23,9	28,2	28,2	23,9	15,0					135,1

Tabelle 25. Wärmesummen (gcal/cm²) der Horizontalfläche bei durchschnittlicher Sonnenscheindauer, Arosa.

	$4-5^a$	$5-6^a$	$6-7^a$	$7-8^a$	$8-9^a$	$9-10^a$	$10-11^a$	$11-12^a$	$12-1^p$	$1-2^p$	$2-3^p$	$3-4^p$	$4-5^p$	$5-6^p$	$6-7^p$	Tagessumme	Monatssumme
15. Jan.					2,6	9,5	15,5	17,9	17,6	14,0	8,0	1,5				86,6	2690
Febr.				0,1	10,2	18,7	24,4	27,0	26,2	23,7	18,1	10,7				159,1	4460
März				7,4	17,4	24,5	31,0	33,6	35,2	31,5	24,7	14,6	6,3	0,1		226,3	7020
April			5,1	14,4	23,8	30,6	34,2	35,5	36,1	32,9	28,6	19,8	12,2	3,5		276,7	8300
Mai		1,9	9,6	18,4	26,0	32,2	32,8	32,7	31,0	27,7	26,6	20,2	13,7	5,8	0,7	279,3	8660
Juni	0,0	3,7	12,8	22,2	28,3	34,4	34,8	34,0	31,0	30,5	29,1	21,8	15,8	6,8	0,9	306,1	9180
Juli	0,0	3,4	13,2	23,1	32,3	38,8	40,3	41,5	38,1	34,7	31,6	25,3	17,3	8,9	1,2	349,7	10840
Aug.		1,3	9,4	19,9	30,0	38,5	43,7	44,0	44,7	40,5	34,1	25,9	18,0	7,9		**357,9**	**11100**
Sept.			1,3	28,5	21,1	29,7	35,6	39,3	37,6	34,4	28,1	19,8	11,9	1,2		288,5	8650
Okt.				1,0	11,6	21,5	26,6	28,7	28,2	25,8	19,1	11,1	2,1			175,7	5450
Nov.					3,9	12,8	18,2	21,3	21,6	18,1	12,0	4,0				111,9	3360
Dez.					1,0	8,2	13,7	16,0	15,9	13,0	5,5					73,3	2270
Jahressumme																	**81980**

des Verhältnisses der größten zur kleinsten Monatssumme; der Wert
für Warschau bezieht sich darin auf 1913—1918 [1]).

Tabelle 27. Vergleichstabelle der Jahresamplitude der horizontalen
Wärmesummen.

	φ	Höhenlage	Amplitude
Arosa.	46,8°	1860	1 : 4,9
Montpellier	43,4°	40	5,3
Davos	46,8°	1600	5,9
Agra	45,8°	565	6,3
St. Blasien	47,8°	795	10,4
Riezlern (Algäu)	47,4°	1150	13,3
Wien	48,1°	200	19,1
Potsdam	52,4°	106	24,7
Taunus	50,1°	820	25,6
Karlsruhe	49,0°	128	27,8
Kolberg.	54,2°	5	51
Warschau	52,1°	120	80
Stockholm	59,2°	40	134

Zur Ergänzung der Summen für Gesamtwärmestrahlung ist für Arosa
die Rechnung auch für die beiden rot-ultraroten und grünblauen Spektralbereiche durchgeführt. Den prozentualen Rot-Ultrarotanteil gibt Tab. 28.

Tabelle 28. Rot-Ultrarot-Anteil der horizontalen Wärmesummen,
Arosa. Durchschnittliche Sonnenscheindauer.

	Jan.	Febr.	März	April	Mai	Juni	Juli	Aug.	Sept.	Okt.	Nov.	Dez.	Jahr
In Prozent	74,4	71,3	68,5	67,8	66,3	65,7	66,1	65,2	61,9	68,2	71,1	72,8	67,0

Die Jahressumme in Rot-Ultrarot beträgt 54800, in Grünblau 27100
gcal/cm², also zwei Drittel des Gesamten entfallen auf Rot-Ultrarot;
die Jahresamplitude (August : Dezember) ist

$$\begin{array}{ll} \text{Rot-Ultrarot} & 4,39:1 \\ \text{Grünblau} & 6,26:1 \\ \text{(Gesamt} & 4,90:1) \end{array}$$

**d) Die Wärmesummen eines nach den Hauptthimmelsrichtungen
orientierten Würfels.** Für Davos hat Dorno (1) die Wärmesummen berechnet, die einer vertikalen Süd-, Ost-, West- und Nordwand zukommen.
Tab. 29, Seite 39 gibt diese Daten für Arosa; dabei seien den Tabellen auch
nochmals die Horizontalsummen beigefügt und dann für alle 5 Flächen
des Würfels summiert. Man liest diesen Zahlen vor allem die Begün-
stigung der Südfront eines Hauses ab als wärmste im Winter und — natürlich abgesehen von der Nordfront — kühlste im Sommer; dann wird
die Ostwand der Aroser Station im Jahresmittel um 21% mehr erwärmt
als die Westwand. Die Davoser Zahlen (reduziert auf Smithsonian-
Skala) ergeben als Jahressumme des Einheitswürfels 221100 gegen-

[1]) Annuaire de l'Institut Central Météorologique de Pologne 1919. Warschau 1922.

über Arosa 238 000, und reduziert man beide auf Periode 1885—1920:
Davos 216 700, Arosa 231 300. Bei stets wolkenlosem Himmel be-
rechnete man als Jahressumme Davos 404 300, Arosa 472 000; in Pro-
zenten des bei stets wolkenlosem Himmel denkbaren empfängt Davos
also 54,7%, Arosa 50,5%, durch günstigere Bevölkerungsverhältnisse im
Sommer vermag Davos also aufzuholen. Die Jahresamplitude für die
Würfelsummen, also das Verhältnis des reichst zum geringst bedachten
Monats (August : Dezember), ist in Davos 2,8, in Arosa nur 2,3.

Für den Lichtgenuß des Menschen dürfte obige 5-Flächensumme viel
charakteristischer sein als die Bevorzugung der Horizontalfläche, bei der
die winterliche Strahlung infolge des schrägen Strahleneinfalls im Jahresmittel gar nicht gebührend zur Geltung kommt. Umständlich ist die
Berechnung freilich, so ist daran gedacht, ob nicht die Summen der zur
Strahlungsrichtung stets senkrechten Fläche (Tab. 23) Ersatz bieten
könnten. In der Tat ist der Jahresgang so gut wie identisch, wie ohne
weiteres ersichtlich ist, wenn wir das Verhältnis der Würfelsummen zu
denen der normalen Flächen bilden:

	Jan.	Febr.	März	April	Mai	Juni	Juli
wolkenlos . . .	1,52	1,54	1,60	1,57	1,51	1,50	1,52
mittl. $\odot$ . . .	1,52	1,58	1,62	1,58	1,52	1,50	1,51

	Aug.	Sept.	Okt.	Nov.	Dez.	Mittel
wolkenlos . . .	1,53	1,59	1,62	1,55	1,49	1,55 + 0,03
mittl. $\odot$ . . .	1,54	1,63	1,62	1,58	1,56	1,56 + 0,04

e) Wärmesummen für Hanglage. Eine Studie über das Lokalklima
des am Südhang liegenden Arosa wäre recht unvollständig, wenn man
nicht auch der Änderung der Wärmesummen infolge der Neigung des
Geländes nachgehen wollte. Was hierüber in der Literatur zu finden
ist, sind meines Wissens durchweg theoretisch berechnete Werte (HUT-
TENLOCHER, GESSLER), abgesehen von einigen von KIMBALL veröffentlichten Tagesgängen. Tab. 30 gibt die Schlußzahlen des umfangreichen
Aroser Materials, die Tagessummen für verschieden steile Süd- und
Nordhänge für eine Änderung des Neigungswinkels von je 15 zu 15°.

Welche Neigung erhält die größte Wärmesumme? Darüber gibt die
letzte Spalte der Tab. 30 Antwort. Wir schreiben den optimalen Nei-
gungswinkeln α_0 noch die Neigungswinkel einer Fläche bei, welche
senkrecht steht zur Strahlenrichtung der Mittagssonne.

	15. Jan.	Febr.	März	April	Mai	Juni
α_0	68°	62°	56°	34°	21°	13°
$\alpha \perp \odot$	68°	60°	49°	37°	28°	23°
Diff.	0°	2°	7°	—3°	—7°	—10°

	Juli	Aug.	Sept.	Okt.	Nov.	Dez.	Jahr
α_0	15°	26°	45°	56°	67°	71°	45°
$\alpha \perp \odot$	25°	33°	43°	55°	65°	70°	47°
Diff.	—10°	—7°	2°	1°	2°	1°	—2°

Tabelle 29. Tägliche Wärmesummen der Flächen eines Würfels (gcal/cm²), Arosa.

	Bei wolkenlosem Himmel						Bei durchschnittlicher Sonnenscheindauer					
	Horizontal	Süd	Ost	West	Nord	Summe	Horizontal	Süd	Ost	West	Nord	Summe
15. Januar	163	461	104	98		825	87	242	55	46		431
Februar	274	**517**	152	115		1057	159	**300**	88	85		632
März	418	493	227	231		1369	226	268	119	112		725
April	578	377	298	282	2	1536	277	183	142	121	1	723
Mai	678	257	341	307	39	1621	279	107	148	106	11	652
Juni	**729**	203	**358**	310	**69**	**1669**	306	86	157	109	**20**	679
Juli	703	221	354	**318**	60	1656	350	112	178	129	20	788
August	620	311	319	294	13	1558	**358**	183	**183**	**154**	6	**884**
September	481	441	257	247		1426	289	250	137	128		803
Oktober	318	491	169	177		1154	176	270	90	90		626
November	196	478	120	113		907	112	273	65	63		513
Dezember	135	427	88	78		728	73	227	48	35		384
Jahressumme	—	—	—	—	—	—	82000	75800	43000	35900	1700	238400

Tabelle 30. Wärmesummen (gcal/cm²) verschieden steiler Süd- und Nordhänge, Arosa. Tagessummen bei durchschnittlicher Sonnenscheindauer.

	Südwand	Südhang					Horiz. Ebene	Nordhang					Nordwand	Maximum	
	90°	75°	60°	45°	30°	15°	0°	−15°	−30°	−45°	−60°	−75°	−90°		α_0
15. Januar	242	**257**	254	233	197	147	87	22						258	68°
Februar	300	329	**338**	324	290	231	159	77	1					339	62°
März	268	318	346	**357**	331	290	226	151	63					370	56°
April	183	248	296	324	**330**	314	277	220	149	67	8	2	1	333	34°
Mai	107	172	226	267	291	**235**	279	249	194	130	56	21	11	297	21°
Juni	86	154	217	266	300	**314**	306	280	233	171	96	38	20	315	13°
Juli	112	191	262	316	352	**364**	350	315	257	182	95	36	20	364	15°
August	183	267	335	378	**399**	392	358	301	222	129	35	13	6	400	26°
September	250	312	353	**367**	359	325	289	197	110	15				376	45°
Oktober	270	302	**322**	316	288	240	176	101	19					323	56°
November	273	292	**293**	273	234	179	112	38						296	67°
Dezember	227	**238**	233	210	177	130	73	13						240	71°
Jahressumme	75800	93500	106100	**110700**	107900	98000	82000	59900	38200	21300	8900	3400	1700	110700	45°

Herbst und Winter ist ziemlich genau die zur mittäglichen Strahlungsrichtung senkrechte Fläche also die günstigste Neigung eines Südhanges,

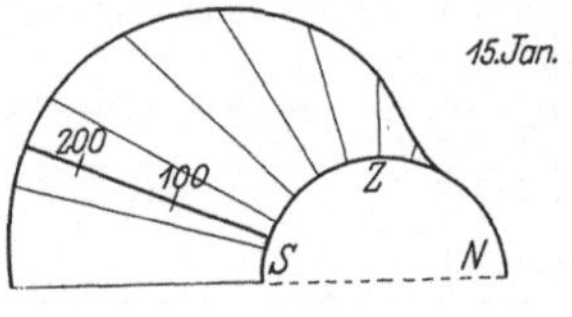

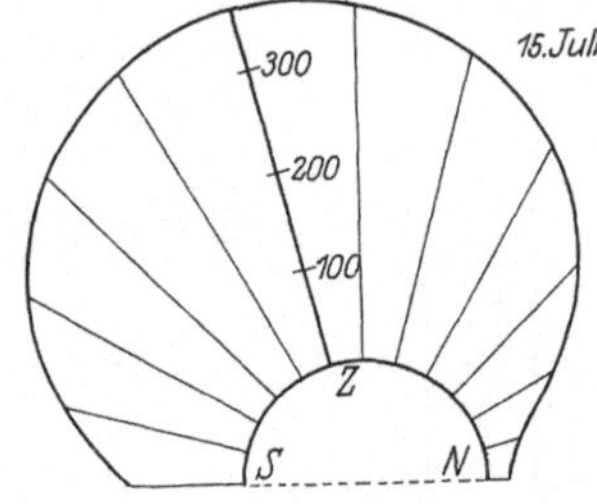

Abb. 14. Meridianschnitt der Einstrahlungsfläche über einer Halbkugel.

im Jahresmittel die Fläche unter 45° Neigung. Die Tabellen sollen noch gelegentlich für die zwischenliegenden Auslagen erweitert werden, damit wird dann das Material gegeben sein, für beliebige Oberflächenformationen Linien gleicher Einstrahlung zu entwerfen, wie sie sich beispielsweise mitunter im Gelände schön verfolgen lassen, wenn bei kühlsonnigem Wetter Neuschnee wieder rasch abschmilzt.

Ein steiler Südhang empfängt in Arosa im Winter die dreifache Wärmesumme wie die Horizontalebene. Unsere Zahlen belegen den ungemein raschen Übergang von Schneelage zur Vegetation — wie Arosa ihn aufweist — und mögen vielleicht Botanikern willkommen sein als Beitrag zum „Klima auf kleinstem Raum", wofür sich vom Aroser Weißhorn bei BRAUN-BLANQUET ein hübsches Beispiel findet.

IV. Die ultraviolette Sonnenstrahlung.

1. Die Meßmethode.

Die wunderbare Methode für Helligkeitsmessungen, die wir ELSTER und GEITEL in der lichtelektrischen Zelle verdanken, kommt vor allem Messungen im Ultraviolett sehr zustatten. In der „Kadmiumzelle" wird durch die Einwirkung ultravioletten Lichtes — sichtbares Licht bewirkt auf Kadmiumbelag keinen Effekt — an der Kadmiumkathode negative Elektrizität (Elektronen) abgeschieden; diese negative Elektrizität, deren Austritt durch Anlegung einer Hilfsspannung erleichtert wird, wird dann als Maß der Lichtstärke der erregenden Strahlung gemessen. Nach KÄHLERS Vorgang wurde die Zelle elektrometrisch in der beim Zinkkugelphotometer gebräuchlichen Art angewandt: Die mit einem WULFschen Elektrometer verbundene Zelle wurde mit Zambonisäule auf $V_1 = 110$ Volt positiv geladen, der Photometertubus gegen Sonne gerichtet und mit einer Stoppuhr die Zeit bestimmt, in der sich das System bei Belichtung der Zelle herunter auf $V_2 = 90$ Volt entlädt. Ein Satz von Lochblenden von 4—30 mm Öffnung — bezogen auf 6 mm — diente dazu, für alle Lichtstärken möglichst mit derselben Belichtungszeit von annähernd $t = 20$ Sekunden durchzukommen, soweit nicht tiefstehende oder stark geschwächte Sonne bei schon größter

Blende eben doch längere Belichtung nötig machte. Isolationsverlust wurde natürlich berücksichtigt. Die Zelle war die mehrere Jahre von Herrn Prof. DORNO überlassene Zelle Cd I (DORNO [3]), die gemeinsam in Davos ausprobierte Anordnung (DORNO [4]) zeigt Abb. 15.

Das Bild bezeugt sofort den Hauptvorzug, die Verwendbarkeit bei Exkursionen; außer in größeren Höhen, wie besonders auf der Skihütte Hörnligrat bei Arosa (2516 m) fand besonders auch in Chur die „Wettermaschine" reichliche Verwendung — wie sie treffend ein vierjähriger Churer Bürger bezeichnete.

Meine Aroser Erfahrungen mit dieser Methode seien kurz zusammengestellt:

Abb. 15. Kadmiumzelle auf Hörnligrat bei Arosa: Sonnenstrahlungsmessung.

a) Die Intensitätsformel der Kadmiumzelle. Ich hielt stets streng auf Einhaltung des Spannungsbereiches 110 : 90 Volt; dann ist die Intensität einfach umgekehrt proportional der Belichtungszeit. Aber die Praxis wird kleinere Über- oder Unterschreitungen stets mit sich bringen; ein grober solcher Fall war z. B. bei mir auch gegeben durch eine Änderung der Elektrometereichung mit Verschiebung der Fadenstellung im Elektrometer, so daß unwissentlich längere Zeit in einem höheren Spannungsbereich gemessen wurde. Dieser Vorfall gab Anlaß zu Untersuchung der Intensitätsformel. Beim Zinkkugelphotometer ist wegen des normalen Luftdrucks die entweichende Elektrizitätsmenge der Spannung proportional; die Charakteristik $f(V)$, die den für konstante Belichtung gültigen Zusammenhang zwischen austretender Elektrizitätsmenge und Spannung V wiedergibt, ist eine Nullpunktsgerade; daraus folgt die bekannte Zinkkugel-Photometerformel für die Lichtenergie J der zu messenden Strahlung $J = \dfrac{c}{t} \log \dfrac{V_1}{V_2}$. Bei der verdünnt argongefüllten Kadmiumzelle muß die Charakteristik experimentell festgelegt werden; für ein kleines Intervall $V_1 - V_2$ kann man sie auch durch eine Gerade ersetzen, nur durch keine Ursprungsgerade; die zu messende Elektrizitätsmenge ist nicht mehr proportional V, sondern $V - V_0$. So ergibt sich die genäherte Intensitätsformel der Kadmiumzelle

$$ J = \frac{c}{t} \log \frac{V_1 - V_0}{V_2 - V_0}. $$

Die Formel hat sich mit $V_0 = 35$ für Cd I und mein Meßbereich befriedigend bewährt.

[Zusatz: Läßt die Charakteristik $f(V)$ sich mathematisch fassen, so ergibt sich als strenge Intensitätsformel für beliebigen Spannungsbereich $J = \dfrac{c}{t} \displaystyle\int \dfrac{dV}{f(V)}$. Alle mir bekannten Charakteristiken von Kadmiumzellen (Dorno [3]) ergeben nun die Subtangente $V - V_0$ als lineare

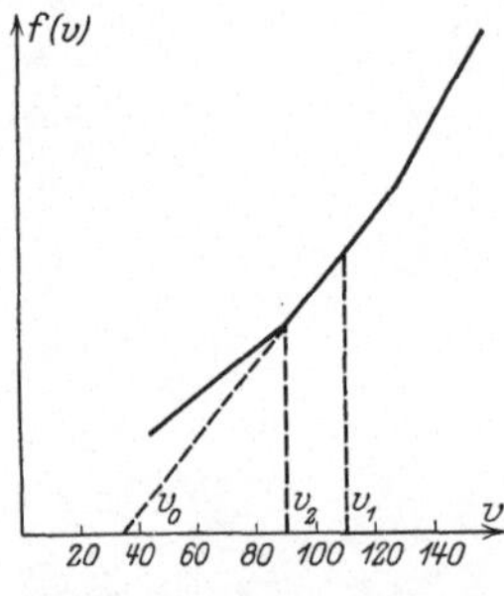

Abb. 16. Genäherte Charakteristik einer Kadmiumzelle.

Funktion der Abszisse und auf Grund dieser Gesetzmäßigkeit die Möglichkeit einer mathematischen Durchrechnung zu schließlich

$$ J = \frac{C}{t} \cdot \left(\frac{1}{(V_2 + a)^b} - \frac{1}{(V_1 + a)^b} \right), $$

wobei a und b jedoch nur für das einzelne Zellenindividuum konstant sind. Wegen der Umständlichkeit der Berechnungen empfiehlt sich die Formel nicht.]

In Agra maß Süring nach derselben Methode; die in Davos, Arosa und Agra verwendeten Monturen wurden — meist in Davos — des öftern aufeinander abgestimmt. Nach definitiver Festsetzung der Empfindlichkeitsverhältnisse der verschiedenen Monturen durch Herrn Prof. Dorno wurde auch mein Material mit

$$ J = \frac{44\,200}{t} \log \frac{V_1 - 35}{V_2 - 35} $$

auf die Davoser galvanometrische Skala (Dorno [3]) bezogen. Die Hoffnung, daß so die mit verschiedenen Zellen gewonnenen Ergebnisse verschiedener Orte unmittelbar miteinander vergleichbar sein würden, erfüllt sich nach meiner Untersuchung „Über die Eignung der Kadmiumzelle für Sonnenstrahlungsmessungen" (Götz [3]) nicht. In sich homogene Resultate sind bei ungefiltertem Licht nur mit derselben Zelle zu erreichen.

b) Wirksame Wellenlänge und Filteranwendung. Die Kadmiumzelle spricht nur auf reines Ultraviolett an. Auf der Suche nach einem Filter zu geeigneter Unterabteilung ihres Empfindlichkeitsbereiches spielte mir ein Glücksfall in einer zerbrochenen Fensterscheibe des „Sanatorium Arosa" ein Glas in die Hände, das, ohne die Intensität kleinerer Wellenlängen merklich zu schwächen, die Strahlung gerade bei der Wellenlänge 320 $\mu\mu$ abschneidet (Dorno [4]). Die mit diesem „Filter Cd 320 $\mu\mu$" gewonnenen Daten sprechen in Verbindung mit den von Vahle (Dorno, Meissner u. Vahle) für λ 313—248 $\mu\mu$ festgelegten Empfindlichkeitskurven zweier Kadmiumzellen dafür, daß meine Zelle für Wellenlängen oberhalb und gleich 322 $\mu\mu$ nicht mehr anspricht. Durch Filter Cd 320 $\mu\mu$ kann also die auf die Kadmiumzelle wirksame Gesamtstrahlung durch Differenzbildung in folgende 2 Teile zerlegt werden: 1. den Bereich zwischen 320 und 322 $\mu\mu$, also ein Gebiet so enger Definition, wie es bei Filteranwendung so leicht nicht erreicht werden dürfte; 2. das kurzwellige Ultraviolett $\lambda < 320\ \mu\mu$, für das man in erster Annäherung auch ruhig die Gesamtstrahlung der Zelle substituieren kann. Gerade bei 320 $\mu\mu$ setzt nun nach den Arbeiten von Kron und Dember definitiv die anormale Strahlungsschwächung durch das Ozon der hohen Atmosphärenschichten ein; für kleine Verminderung der Wellenlänge nimmt die Strahlungsstärke enorm ab und führt in Bälde zum vorzeitigen Ende des Sonnenspektrums. Zuverlässige Angaben in diesem Gebiet können nur gemacht werden, wenn man auf Spektrallinienbreite abstellt und nicht auf die Gesamtwirkung auf die Kadmiumzelle; für jede Sonnenhöhe spricht diese — und dazu noch von Zelle zu Zelle in verschiedener Weise — auf eine Strahlung anderer Wellenlänge an, von annähernd 309 $\mu\mu$ bei hochstehender Sonne über 313 $\mu\mu$ bei 40°, 317 $\mu\mu$ bei 20° bis 319 $\mu\mu$ bei 10° Sonnenhöhe; also je nach Sonnenstand auf Strahlen ganz ungeheuer veränderter atmosphärischer Durchlässigkeit (Götz [3]). Darauf muß besonders hingewiesen werden, nachdem ungefilterte Verwendung der Kadmiumzelle neuerdings wieder so nachdrücklich empfohlen wird (Dorno [9]), es ändert sich leider auch nichts, wenn man Maßzahlen für den Gesamteffekt der Erythembildung der menschlichen Oberhaut (Hausser u. Vahle) zu erhalten wünscht. „Die Intensität der ultravioletten Reizstrahlen liefert die Kadmiumzelle so vollkommen, wie es nur ein glücklicher Zufall will, denn die Empfindlichkeit der Kadmiumzelle deckt sich fast genau mit der der Haut nach Lage und Ausdehnung im Spektrum und auch nach Verlauf innerhalb des wirksamen Spektralteiles", schreibt Dorno (10). Das „fast genau" läßt in einem Gebiet, in dem die atmosphärische Durchlässigkeit so ungemein von der Wellenlänge abhängt, immer noch zu, daß für Sonnenhöhen von 60°, 20° und 10° die Kadmiumzelle etwa Intensitäten wie 100 : 10 : 1 meldet, während in Wirklichkeit

die zu messende erythembildende Kraft auf Grund der Daten von
HAUSSER und VAHLE nach roher Größenordnung etwa im Verhältnis
$100 : 1 : {}^1/_{100}$ stehen würden (GÖTZ [3]); infolge der Intensitätsverteilung
im Sonnenlicht wirken annähernd etwa die Wellenlängen 306 $\mu\mu$ bei 50°
und 311 $\mu\mu$ bis 20° Sonnenhöhe am stärksten auf die Haut. Dabei ist
noch ganz dahingestellt, wie weit Hausser-Vahles-Kurven definitive
sind, sei es — wie HAUSSER und VAHLE selbst sehr betonen — hinsichtlich der ihnen vorläufig genügenden Meßgenauigkeit, oder sei es
nach prinzipiellen Gesichtspunkten (HAUSMANN, FREUND).

Bei Abstellung auf die gesamte auf die Zelle wirksame Strahlung sind
wenigstens für gleiche Sonnenhöhe, also beispielsweise Vergleichsmessungen in verschiedener Höhenlage, definierte Ergebnisse zu erwarten. Sonst sind mir Messungen in ungefilterter Sonnenstrahlung
nur Durchgangswerte, um von der definierten Filterstrahlung 321 $\mu\mu$
als sicherer Basis ausgehend weiterzuschließen; als schönes Ergebnis ermöglicht die Filteranwendung zunächst die Bestimmung der Schwankung
des Ozongehalts der hohen Atmosphäre, aus Strahlung 321 $\mu\mu$ und den
bekannten Ozondaten mag denn auch der Intensitätsverlauf irgendeiner
Wellenlänge des Bereichs unterhalb 320 $\mu\mu$ rechnerisch abgeleitet werden.

c) **Die Konstanz der Zellenempfindlichkeit.** Im weiteren Verfolg
seiner gemeinsam mit EDGAR MEYER angestellten grundlegenden Untersuchungen „Über die Verwendung photoelektrischer Kaliumzellen in der
Astrophotometrie" (MEYER u. ROSENBERG) hat H. ROSENBERG schnell
verlaufende Ermüdungs- und Erholungsvorgänge in Alkalizellen nachgewiesen. Die Untersuchungen von ROSENBERG beschränken sich allerdings auf die Nähe des Entladungspotentials, doch vermutet er bei sehr
großen Intensitäten wie bei Sonne Ermüdungsvorgänge auch weitab von
diesem. An 400 den laufenden Messungen entnommenen geeigneten Einzelfällen (vorher ausgeruhte Zelle) sind nun peinlich solche eventuellen Ermüdungserscheinungen auch an meiner Kadmiumzelle untersucht; an
2 aufeinanderfolgenden, identischen Messungen ist — unter Berücksichtigung von inzwischen durch Änderung des Sonnenstandes verursachten
Änderungen — festgestellt, welches die Intensität der 2. Messung in Prozenten der ersten ist; für Expositionen der Dauer t Minuten mit folgendem Ergebnis:

	$t =$	0,3	0,5	0,8	1,1	1,7	2,3
Bereich $\lambda < 320$		98,6	97,7	96,3			
Bereich $\lambda = 321$		95,6	94,2	93,2	91,6	95,6	99,7

Die Ermüdung ist anfänglich proportional der Belichtungszeit, das
Nachlassen bei sehr langer Belichtungszeit wohl so zu verstehen, daß
hier innerhalb der 1. Messung selbst so wirksame Ermüdung eintritt,
daß die 2. Messung dagegen kaum mehr abfällt. Für die Anwendbarkeit
der Methode hat das Ergebnis, auch wenn es sich an anderen Zellenindividuen bestätigen sollte, kaum viel zu bedeuten, wenn man die

Messungen in stets gleicher Art und schonend vornimmt; handelt es sich bei den zu messenden Ultraviolettintensitäten ja doch um Änderungen ganz anderer Größenordnung.

Wirklich mißlich und bedauerlich ist dagegen eine nach fast zweijährigem befriedigendem Gebrauch einsetzende dauernde Empfindlichkeitssteigerung der Zelle — ein offenbar recht seltener Fall; auch mir machte es anfänglich die größte Freude, bei den großen Jahresamplituden nach abgelaufenem Jahresturnus wieder auf dieselben Werte zu kommen wie in den entsprechenden Monaten des Vorjahres. Der Zellenapparatur wurde seit Sommer 1922 mit Aufnahme systematischer Untersuchungen in Höhenlagen zwischen 600 und 3000 m — wozu Sommer 1923 auch noch Messungen für Prof. DORNO auf Muottas Muraigl und Jungfraujoch traten — ja allerdings viel zugemutet, doch ist mir kein Zwischenfall bekannt. Von den insgesamt nahe 5000 Zellenmessungen ist so leider ein hoher Prozentsatz stark entwertet, im folgenden ist stets Bezug genommen auf die einwandfreie Periode Oktober 1921 bis Mai 1923.

2. Normalwerte der ultravioletten Sonnenstrahlung nach Angabe der Kadmiumzelle.

a) Das gesamte auf die Kadmiumzelle wirksame Ultraviolett. Bei Voranstellung klimatischer Gesichtspunkte macht die starke Schwächung

Tabelle 31. Mittlere ultraviolette Sonnenintensität (nach Sonnenhöhe) Arosa. Gesamte, auf Kadmiumzelle wirksame Strahlung. Maßeinheit DORNO-Galvanometerskala (3).

	7,5°	10°	15°	20°	25°	30°	35°	40°	45°	50°	55°	60°	65°
Oktober 1921			19,8	52,9	100,2	152,9	212						
Novemb. ,,		4,5	20,0	50,0	90,4								
Dezemb. ,,		**4,4**	**21,7**	**51,6**									
Januar 1922		3,8	18,2	46,8	85,6								
Februar ,,			16,0	42,5	79,1	121,8	(169)						
März ,,		2,9	15,8	40,6	73,4	116,5	162	211					
April ,,				(31,1)	57,9	85,3	116	175	241	256			
Mai I ,,		**2,1**	**9,3**	**29,3**	**56,3**	**84,8**	**120**	**166**	**234**	**255**	**279**	**315**	
Mai II ,,	1,1	2,7	15,9	37,1	70,0	115,0	150	201	244	289	341	393	438
Juni ,,		3,4	12,4	34,3	68,0	107,4	158	201	226		336	380	407
Juli ,,	1,7	3,5	13,6	38,6	71,4	109,9	158	200	239	292	334	372	388
August ,,		(5,1)	21,6	39,3	77,0	121,0	174	229	277	342	390		
Septemb. ,,		3,5	19,0	42,5	84,6	130,9	185	239	296				
Oktober ,,		3,6	19,8	49,3	85,0	134,0	194						
Novemb. ,,		4,3	21,2	51,5	88,2								
Dezemb. ,,		**4,8**	**21,8**	**54,1**									
Januar 1923		3,2	16,9	41,4									
Februar ,,		3,9	18,0	43,0	79,9	109,7							
März ,,		2,3	12,3	34,7	61,7	98,3	137	178	224				
April ,,		**1,7**	**10,1**	**28,5**	**57,1**	**98,3**	**140**	**185**	**227**	**265**			
Mai ,,		3,4	14,6	37,5	68,8	107,0	153	219	282	321	355	395	

des Ultraviolett durch Dunst es zu gewagt, Tage mit derbem Dunst
für die Mittelbildung einfach auszuschließen. So beruhen die grundlegenden Tabellen auf Mittelung sämtlicher bei wolkenfreier Sonne
erhaltenen Werte ohne Glättung.

Mit tieferem Sonnenstand nimmt die Ultraviolettstrahlung rapid
ab. Den ausgeprägten Jahresgang mit Maximum im Dezember,
Minimum im April zeigt Abb. 19. Die Überlegenheit der Herbstwerte
über die Frühjahrswerte fanden schon 1879 Cornu und 1892 für
Wolfenbüttel Elster und Geitel; ebenfalls mit dem Elster-Geitel-
schen Zinkkugelphotometer gewonnen sind Rosselets 1908/09 durchgeführte Vergleichsmessungen zwischen Leysin und Lausanne, aus

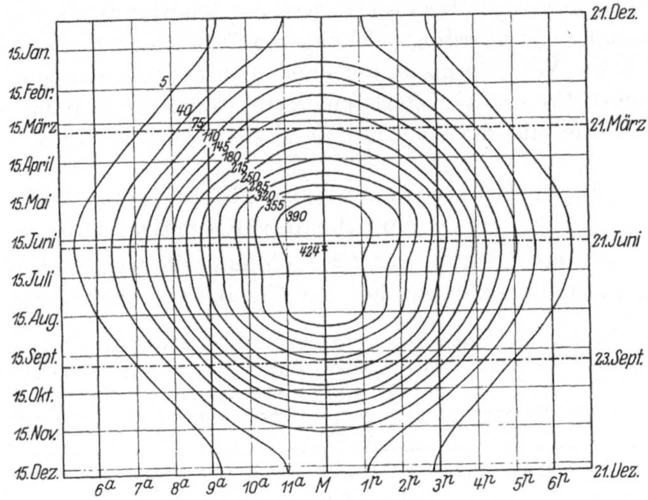

Abb. 17. Gesamte auf Kadmiumzelle wirksame U.V.-Sonnenstrahlung Arosa.

denen sich ganz ausgezeichnete Daten ableiten lassen. Sehr nachdrücklich hat Dorno (1 u. 4) auf den Jahresgang hingewiesen, der noch durch
Kählers Messungen mit Zinkzelle in Kolberg und Sürings Kad-
miumzellenmessungen in Agra belegt sei.

Der Darstellung nach Sonnenhöhe lassen wir wieder die nach Tagesstunde folgen, die Werte der Tab. 32 sind in Abb. 17 noch als Iso-
plethen veranschaulicht.

Soweit Unterschiede zwischen Vor- und Nachmittag zu verbürgen
sind, sind die Nachmittagswerte die niedrigeren, der Unterschied ist
aber sehr gering; der Höchstwert des Tages fällt auf den höchsten
Sonnenstand zu Mittag. Im Jahresverlauf ändern sich diese Mittagswerte
in einschneidender Weise. Die Kadmiumzelle meldet für den 15. Dezember eine 8 mal geringere Mittagsintensität als für den 15. Juni;
gegenüber dem nördlichen Tiefland eine noch sehr mäßige Amplitude.

Tabelle 32. Mittlere ultraviolette Sonnenintensität nach Tagesstunde, Arosa. Gesamte auf die Kadmiumzelle wirksame Strahlung.

	6^a	7^a	8^a	9^a	10^a	11^a	M	1^p	2^p	3^p	4^p	5^p	6^p
15. Januar				5^5	26^1	49^5	61^0	50^8	27^2	5^3			
Februar			3^3	31^5	79^1	114	127	113	74^5	33^3	4^8		
März		1^2	28^6	82^8	143	188	203	187	146	85^1	28^6	0^9	
April		17^6	72^4	151	225	269	286	269	225	160	77^5	17^5	
Mai	10^9	60^9	146	244	320	370	400	370	316	238	136	55^1	8^8
Juni	20^9	83^8	179	266	347	403	422	403	353	271	172	77^4	17^0
Juli	16^1	79^1	169	261	342	396	418	396	331	253	159	73^5	15^6
August	5^5	49^7	134	234	324	389	413	389	324	228	128	47^2	
Septbr.		10^7	58^0	149	238	286	302	286	238	149	61^0	9^3	
Oktober			13^7	67^9	132	182	202	182	129	65	13^0		
Novbr.				14^4	47^4	74^8	85^1	74^8	46^2	13^1			
Dezbr.				3^1	21^8	43^9	52^8	43^9	20^9	2^6			

ELSTER und GEITEL geben für Wolfenbüttel 1 : 75, KÄHLER für Kolberg 1 : 47 — bei einem Blick auf Tab. 31 wohl verständlich, wenn man bedenkt, daß im nördlichen Kolberg die Sonne am kürzesten Tag nur 12,4° Höhe zu erreichen vermag gegenüber 19,8° in Arosa.

Wie dargelegt, können solche mit verschiedenen Apparaturen gewonnenen Ergebnisse leider nur zu ganz ungefährem Vergleich dienen; so dürfte meine mit derselben Apparatur von Arosa aus durchgeführte systematische Erfassung verschiedener Höhenlagen von Interesse sein. Um zunächst ein paar Einzelfälle herauszugreifen, so gibt Tab. 33 für 3 verschiedene Höhenlagen das Gesamtultraviolett für 20° Sonnenhöhe, prozentual auf Arosa bezogen.

Tabelle 33.
Ultraviolettintensität verschiedener Höhenlagen bei 20° Sonnenstand.

Datum	Ort	Höhe m	Ultraviolettintensität		Himmelsschau
			Vorm.	Nachm.	
1922. 13. Okt.	Chur	590		52	Himmel
14. „	Arosa	1860	94	91	weißlichblau
15. „	„	1860	106	103	klar und
16. „	„	1860	105		dunstfrei
17. „	Weißhorn	2650	121		Ci
	Arosa				(Polarbande)

Bei der Exkursion vom 17. Oktober 1922 auf das Aroser Weißhorn schob sich kurz nach der Morgenmessung bei 20° eine prächtig entwickelte Polarbande vor die Sonne; während Nord- und Südhimmel schön blau bleiben, wandert die Polarbande mit festbleibenden Fixpunkten am Ost- und Westhorizont während des ganzen langen Tages genau so, als wäre ein dritter beweglicher Fixpunkt die Sonne; so gelang erst kurz vor Sonnenuntergang — bei 3° Sonnenhöhe — noch eine

Messung bei voller Helligkeitsstufe. Die weiteren Messungen in der Höhe wurden nach Erbauung der Skihütte auf dem Hörnligrat dann dort ausgeführt. Reichlicher ist naturgemäß das andererseits in Chur gesammelte Material; Tab. 34 ergänzt die Tab. 10.

Tabelle 34. Intensitätsverhältnis des kurzwelligen Sonnenultraviolett, Arosa : Chur.

	Sonnenhöhe $h =$											
	10°	15°	20°	25°	30°	35°	40°	45°	50°	55°	60°	65°
Nov./Jan.	2,85 (2)	2,19 (3)	1,61 (3)									
Febr./April	3,66 (2)	2,66 (2)	2,18 (2)	1,83 (1)	1,52 (1)	1,60 (3)	1,31 (4)	1,32 (1)				
Mai/Juli		2,26 (1)	2,11 (2)	1,60 (4)	1,47 (3)	1,32 (5)	1,39 (5)	1,33 (6)	1,34 (6)	1,34 (8)	1,34 (6)	1,31 (3)
Aug./Okt.	2,21 (2)	2,19 (3)	1,76 (3)	1,56 (4)	1,48 (4)	1,40 (5)	1,27 (2)	1,21 (1)	1,39 (1)	1,40 (1)	1,36 (2)	
Mittel . .	2,91 (6)	2,31 (9)	1,87 (10)	1,61 (9)	1,49 (8)	1,42 (13)	1,34 (11)	1,31 (8)	1,35 (7)	1,35 (9)	1,34 (8)	1,31 (3)

So eindrucksvoll die Zahlen sind: einen Vergleich mit eigentlichen Tieflands- oder gar Großstadtverhältnissen ermöglichen sie noch nicht; das 600 m hohe Rheintal bei Chur erfreut sich — wie dies auch die Messungen der Gesamtwärmestrahlung dartun — einer sehr viel intensiveren Sonne als etwa gleich hohe Lagen der schweizerischen Hochebene. Die Jahresamplitude der ultravioletten Mittagsintensitäten nach Gesamtwirksamkeit auf die Kadmiumzelle ist in Chur 9,6 : 1 gegenüber 8,0 : 1 in Arosa, also 20% größer; in guter Übereinstimmung damit finde ich aus Rosselets Parallelmessungen zwischen Leysin (1300 m) und Lausanne (550 m) eine in Lausanne 15% größere Jahresamplitude als in Leysin. Gegenüber Davos dürften die ultravioletten Intensitäten Arosas entsprechend seiner größeren Höhenlage bei 10° Sonnenhöhe um 30% stärker sein, bei 15° um 20%, bei 20° um 14% und bei den höchsten Sonnenständen noch um 6%.

Abb. 18 gibt nun für die verschiedenen Höhenlagen den Tagesgang verschiedener Jahreszeiten, bezogen auf das Aroser Jahresmaximum gleich 100. Zum Ultraviolett ist entsprechend noch die Gesamtwärmestrahlung hinzugezeichnet; hier konnte als Ergänzung des das obere Rheintal vertretenden Chur als Tieflandsstation noch Karlsruhe (130 m) hinzugenommen werden, dessen Daten A. u. W. Peppler als typisch für die Rheinebene, allerdings mit leichtem Großstadteinfluß, bezeichnen. Beachtet man, wie in der Abbildung mit abnehmender Höhenlage die Scheitel der U.V.-Kurven gegenüber denen der Gesamtintensitäten mehr und mehr zurückgehen, so ist man versucht, für Karlsruhe die Ultraviolettintensitäten zu extrapolieren, die dann recht gering ausfallen würden.

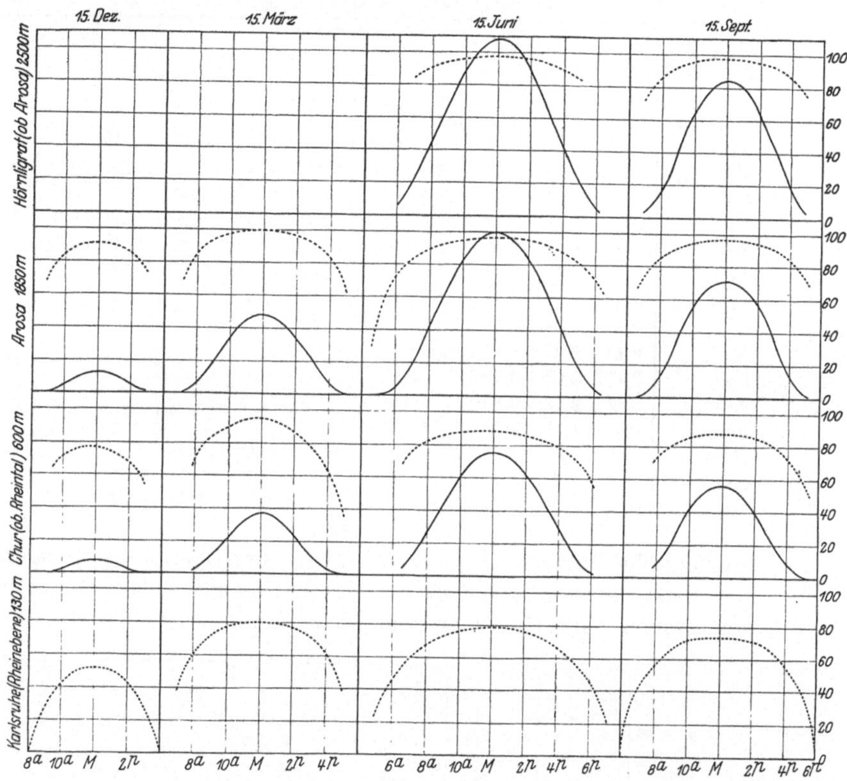

Abb. 18. Ultraviolett- und Wärmestrahlung der Sonne nach Höhenlage, Tagesstunde und Jahreszeit.

b) Das langwelligere Sonnenultraviolett der Wellenlänge 321. Bei vorgesetztem Filter Cd. 320 $\mu\mu$ wirkt nur Strahlung der Wellenlänge oberhalb 320 $\mu\mu$ auf die Kadmiumzelle; also, da die Empfindlichkeit meiner Zelle bei 322 $\mu\mu$ vermutlich bereits 0 ist, die Wellenlänge 320,5 $\mu\mu$. Die scharfe Spektraldefinierung dieser kürzesten vom Ozon noch unbeeinflußten Wellenlänge des Sonnenspektrums macht diese Daten besonders wertvoll; sie sind in Tab. 35 in derselben Maßskala gegeben wie die der Tab. 31, durch Differenzbildung beider Tabellen ergäbe sich ohne weiteres die Wirksamkeit der Zelle für die Wellenlängen $\lambda < 320 \ \mu\mu$.

Entsprechend der viel kürzeren Wellenlänge ist die Abhängigkeit von der Sonnenhöhe viel schärfer ausgeprägt als für die (aktinometrisch gemessene) grünblaue Strahlung, ohne jedoch so auszuarten wie das der Ozonabsorption unterworfene kurzwellige Ultraviolett. Auf gleiche

Tabelle 35. Mittlere U.V.-Sonnenintensität der Wellenlänge 321 $\mu\mu$, Arosa.

	10°	15°	20°	25°	30°	35°	40°	45°	50°	55°	60°	65°
Dez. 1921		$2,3^1$	$4,1^6$									
Jan. 1922	$0,5^8$	$2,0^1$	$4,0^3$	$5,0^6$								
Febr. „		$1,8^7$	$3,4^3$	$5,2^5$	$5,9^2$	$6,5^2$						
März „	$0,5^3$	$1,8^5$	$3,5^4$	$5,2^7$	$6,5^8$	$8,1^2$	$9,1^1$					
April „				$5,5^0$	$6,2^8$	$6,6^8$	$9,5^6$	$(10,5^9)$	$10,3^4$			
Mai I „		$1,0^4$	$2,5^7$	$4,1^9$	$5,7^7$	$7,1^3$	$8,3^5$		$9,5^1$	$9,8^4$	$9,9^0$	
Mai II „	$0,5^2$	$1,6^2$	$2,7^0$	$(5,4^6)$	$6,9^1$	$7,6^6$	$8,9^7$	$10,4^2$		$11,2^5$	$12,1^6$	$12,4^8$
Juni „	$0,4^5$	$1,1^5$	$2,5^2$	$5,0^0$	$6,6^5$	$7,6^0$	$8,9^6$	$9,8^7$	$10,5^9$	$11,3^8$	$11,9^1$	$12,0^4$
Juli „	$0,4^6$	$1,4^5$	$3,0^2$	$4,5^3$	$5,9^3$	$7,7^4$	$8,5^6$	$9,6^8$	$10,3^3$	$11,3^7$	$11,9^0$	$12,0^3$
Aug. „		$1,9^2$	$3,4^5$	$4,7^9$	$6,3^0$	$7,7^1$	$8,8^8$	$9,6^0$	$10,5^8$			
Sept. „	$(0,4^1)$	$2,0^3$	$3,5^6$	$5,0^8$	$6,9^3$	$8,1^4$	$9,4^7$	$10,4^8$				
Okt. „	$0,4^8$	$2,0^2$	$3,4^8$	$5,1^4$	$6,8^5$	$8,3^3$						
Nov. „	$0,6^3$	$2,2^3$	$4,1^2$	$6,0^8$								
Dez. „	$0,6^9$	$2,0^3$	$3,7^4$									
Jan. 1923	$0,5^1$	$2,1^8$	$3,8^3$									
Febr. „	$0,6^2$	$1,9^5$	$4,0^3$	$6,1^3$	$7,6^7$							
März „		$1,4^4$	$3,2^1$	$5,1^0$	$6,7^2$	$8,4^2$	$10,0^7$	$10,7^1$				
April „		$1,2^6$	$3,1^1$	$4,6^6$	$6,0^3$	$7,3^9$	$8,7^4$	$9,7^4$	$10,7^6$			
Mai „	$0,5^8$	$1,6^3$	$3,6^0$	$5,4^0$	$7,3^1$	$8,6^7$	$9,7^9$	$11,3^9$	$12,2^3$	$13,7^3$	$13,6^4$	

Sonnenhöhe bezogen, zeigt auch 321 $\mu\mu$ kräftigen Jahresgang; so sehr
wie beim kurzwelligen, nach Gesamtwirksamkeit auf Kadmiumzelle
gemessenen Ultraviolett stehen die Frühjahrswerte den Herbstwerten

Abb. 19. Ultraviolettsonnenstrahlung, $h = 15°$, Arosa. Kurzwellige (insgesamt auf Cd.-Zelle
wirksame) ——— und langwellige (λ 321 $\mu\mu$) ····· Strahlung.

jedoch nicht nach; Abb. 19 zeigt den Jahresgang beider Bereiche für
15° Sonnenhöhe, wobei jeweils das Maximum = 100 gesetzt ist.

Eine sehr beliebte Anpreisung in Kurprospekten ist ozonreiche Luft.
Wäre in den unteren Schichten der Atmosphäre Ozon in wesentlicher
Menge vorhanden, so müßte bei Vergleich verschiedener Höhenlagen im

tieferen Beobachtungsort die ozonbeeinflußte Strahlung (U.V. $< 320\ \mu\mu$) wesentlich stärker geschwächt sein als die Strahlung $321\ \mu\mu$. Unter all meinen vielen derartigen Untersuchungen mit Kadmiumzelle findet sich kein einziger solcher Fall; meist wird sogar — wie schon Juli 1922 zwischen Chur und Arosa, Oktober 1922 zwischen Arosa und dem Weißhorn festgestellt wurde — in der atmosphärischen Zwischenschicht das langwelligere mehr geschwächt als das kurzwellige Ultraviolett. Für die langwellige Strahlung ergaben sich gegenüber der kurzwelligen zwischen Arosa und Chur noch um 9% größere Intensitätsverhältnisse, ohne daß übrigens ein Gang mit der Sonnenhöhe zu verbürgen wäre; für Hörnligrat zu Arosa eine Erhöhung um 8%, für Jungfraujoch zu Arosa für einen Einzeltag im September 1923 gar 27%. Bei den künftig spektral geplanten Messungen soll dieser interessanten Sachlage (Götz [4]) ferneres Augenmerk gewidmet werden. Vielleicht gehört auch teilweise hierher, daß die Messungen mit dem auf längere Wellen empfindlichen Zinkkugelphotometer zwischen Leysin und Lausanne ganz ähnliche Intensitätsverhältnisse ergaben, wie zwischen Arosa und Chur, trotzdem dort die Höhendifferenz geringer ist; das Intensitätsverhältnis Leysin zu Lausanne beträgt für $20°$ Sonnenhöhe 1,79, für $40°$ 1,58 und für höhere Sonnenstände 1,54 (vgl. Tab. 34).

Den prozentualen Anteil der vom Filter Cd. $320\ \mu\mu$ durchgelassenen Strahlung an der Gesamtwirkung auf Kadmiumzelle gibt für meine Zelle Tab. 36, in der auch die höheren Sonnenstände auf Jahresmittel reduziert sind. Für die mit 1 mm dickem Uviolglas gefilterte Strahlung

Tabelle 36. Anteil der Filterstrahlung Cd. $320\ \mu\mu$ am Gesamtsonneneffekt auf Kadmiumzelle, Arosa.

	$h =$											
	$10°$	$15°$	$20°$	$25°$	$30°$	$35°$	$40°$	$45°$	$50°$	$55°$	$60°$	$65°$
%	15,13	10,76	8,41	6,92	5,77	4,86	4,45	3,92	3,53	3,22	3,00	2,80

der Quarzlampe ergibt sich für Filter Cd. $320\ \mu\mu$ als Prozentsatz der Strahlung ohne Filter nur 0,1%, ist eben doch das diskontinuierliche Licht der Quarzlampe eine ganz andersartige Strahlung als natürliches Sonnenlicht. Innerhalb des kleinen Bereichs bei λ 321 hat die Quarzlampe von 1 m Distanz nur 9% der Energie der $35°$ hohen Sonne, im Bereich λ 320 bis $280\ \mu\mu$ das $4\frac{1}{2}$fache; im übrigen sind meine Daten verschiedener Brenner der Veröffentlichung Dornos (11) über seine eigenen parallelen Untersuchungen beigegeben.

3. Durchlässigkeit der Atmosphäre und hohe Ozonschicht.

a) Das Luftplankton. Wie schon in Tab. 8 für die Gesamtintensität, sei in Tab. 37 der Jahresgang der Intensität gleicher Sonnenhöhe nun für alle Spektralbereiche zusammengestellt, also für Rot-Ultrarot,

Grünblau, das langwellige Ultraviolett $\lambda\,321\,\mu\mu$ und das gesamte auf Kadmiumzelle wirksame Ultraviolett, d. h. im wesentlichen der Bereich $\lambda < 320\,\mu\mu$. Es sind wieder die Sonnenhöhen 15—25° gemittelt und jeweils der Maximalwert = 100 gesetzt. Die U.V.-Werte beschränken sich auf das Mittel Dezember 1921 bis Juli 1923.

Tabelle 37. Jahresgang der relativen Intensitäten der verschiedenen Spektralbereiche der Sonne von $h = 20°$, Arosa.

	a) Direkt gemessen				b) reduziert auf mittlere Sonnenentfernung			
	Ultrarot-Rot $\lambda > 600$	Grün-blau $\lambda < 600$	Langw. U.V. $\lambda\,321$	Kurzw. U.V. $(\lambda < 320)$	Ultrarot-Rot $\lambda > 600$	Grün-blau $\lambda < 600$	Langw. U.V. $\lambda\,321$	Kurzw. U.V. $(\lambda < 320)$
Januar . . .	[100]	99	93	84	99	97	92	84
Februar. . .	100	97	90	81	[100]	96	90	82
März	93	92	79	69	95	93	80	70
April	92	87	72	55	95	89	74	57
Mai	84	86	75	66	89	90	78	70
Juni	82	80	65	64	87	84	68^5	68
Juli	82	89	72	70	88	93	76	75
August . . .	84	(96)	83	75	88	[100]	87	79
September .	89	94	86	85	92	97	89	89
Oktober. . .	93	95	86	91	95	96	87	93
November. .	97	99	[100]	96	98	98	[100]	97
Dezember .	99	[100]	95	[100]	98	98	94	[100]

Die Werte sind auch in Abb. 20 — mit Hinzunahme der Gesamt-wärmestrahlung (W) — veranschaulicht.

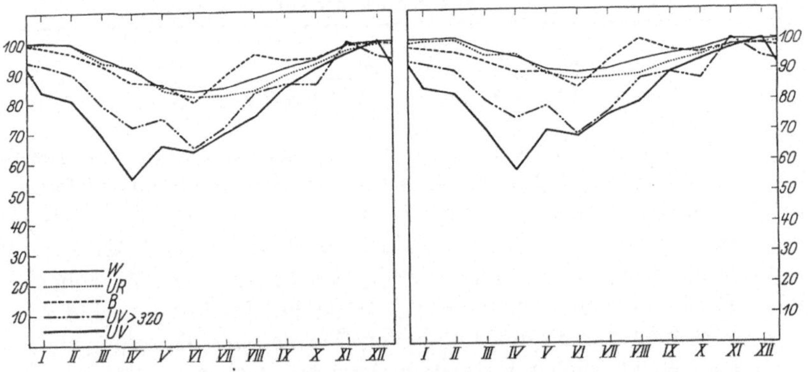

Abb. 20. Jahresgang der spektralen Intensitäten der Sonne in 20° Höhe, Arosa.

Nachdem uns schon früher die Darstellung der Intensitäten als Funktion des Dampfdrucks guten Einblick gab, geschehe dies nun vergleichend für alle Spektralbereiche der Tab. 37; U.V. $< 320\,\mu\mu$ stellen wir zunächst noch zurück.

Bezüglich des Verhältnisses der beiden Jahreshälften ergeben alle Spektralbereiche identischen Befund; bezogen auf gleichen Wasserdampfgehalt ist die Jahresamplitude dabei um so stärker, je kurzwelliger das Licht. Die Werte der zweiten, klareren Jahreshälfte verhalten sich in Arosa zu denen der ersten

für   Ultrarot-Rot
wie   100 : 95,9

für   Grünblau
wie   100 : 92,0

für   Ultraviolett 321 $\mu\mu$
wie   100 : 82,8

Der Tagesverlauf bewirkt dieselbe Schwächung, falls die durchlaufene Luftmasse (Einheit 760 mm) je zunimmt um etwa

0,69   0,37   0,31

Dieselbe Schichtdicke 0,69 für alle Wellenlängen ergäbe eine Schwächung

100 : 95,9 100 : 84,2 100 : 51,5

Die Partikel, welche die größere Trübung der 1. Jahreshälfte verursachen, zerstreuen also nach einer geringeren Potenz der ab-

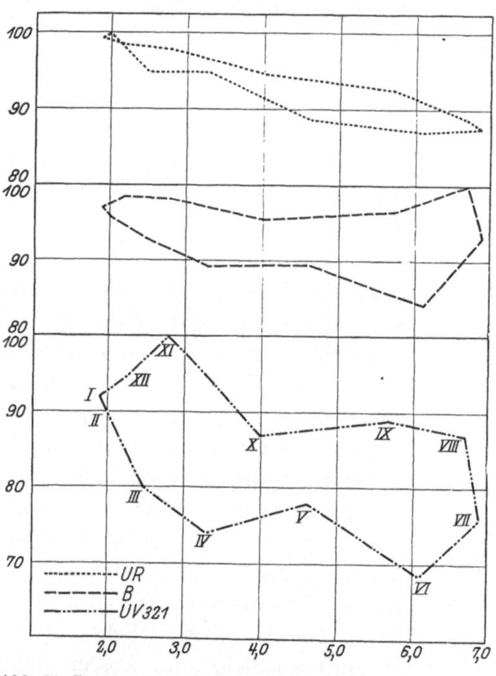

Abb. 21. Relative Intensitäten von Ultrarot-Rot, Grünblau und Ultraviolett λ 321 als Funktion des Dampfdrucks.

nehmenden Wellenlänge, als es dem Tagesgang zukommt; hält man sich für letzteren im Hochgebirge an das RAYLEIGHsche Gesetz der Maximaldiffraktion mit der 4. Potenz der abnehmenden Wellenlänge, so berechnet sich für den Jahresgang

aus Ultrarot-Grünblau   die Potenz 1,95
„ Ultrarot-Ultraviolett   die Potenz 2,18

Die größere Trübung der 1. Jahreshälfte führt zurück auf Partikel, die nicht mehr klein sind gegenüber der Wellenlänge des Lichtes (GOCKEL) und nach der 2. Potenz der Wellenlänge zerstreuen. Der Mehrbetrag der 1. Jahreshälfte an diesen eigentlichen Trübungspartikeln — Aerosolen im Sinne von SCHMAUSS — nimmt mit abnehmender Meereshöhe stark zu, worauf uns schon Abb. 12 hinwies. Entsprechend fand ich bei sinngemäßer Übertragung des Transmissionskoeffizienten von der gesamten Atmosphäre auf eine Teilschicht für die Schicht 2500 : 1800 m (Hörnligrat zu Arosa) noch bedeutend höhere Transmission als für die Schicht 1800 : 600 m (Arosa zu Chur). Beispielsweise ergibt sich für das gesamte, auf Kadmiumzelle wirksame Ultraviolett als Transmissionskoeffizient (Einheit der Luftmasse 760 mm) innerhalb der Zwischenschicht Chur-Arosa 0,20 gegenüber 0,26 aus der nächsthöheren Stufe Hörnligrat-Arosa. Für Grünblau hat die Atmosphäre innerhalb der Stufe Chur-Arosa noch etwa 1,4 mal stärkeres Extinktionsvermögen als durchschnittlich im gesamten Luftraum über Arosa. Daß die Extinktionskoeffizienten im Rot-Ultrarot in tieferen Schichten ganz besonders stark, auf ein Vielfaches derjenigen des Gesamtluftraumes, anwachsen, ist natürlich mehr der Einfluß des Wasserdampfgehaltes als der trübenden Partikel. Aus Tab. 10 könnten auch die Trübungsfaktoren der Zwischenschicht Chur-Arosa berechnet werden.

LEONHARD WEBER (2) hat die Gesamtheit der diffundierenden Teilchen — Trübungspartikel einschließlich Luftmolekülen — in Analogie zum Plankton der Gewässer sehr anschaulich als „Luftplankton" bezeichnet und den Trübungsgrad durch dessen Albedo charakterisiert, d. h. das Verhältnis der von einem Meter Luftschicht insgesamt zurückgestrahlten zur einfallenden Lichtmenge. Seine elegante Versuchsanordnung zur Bestimmung der Planktonalbedo von einem Meter Luftstrecke gründet sich auf die bekannte Beobachtung, wie das Luftplankton durch einen in ein dunkles Zimmer einfallenden Sonnenstrahl, also vor absolut schwarzem Hintergrund schon auf ganz geringe Tiefenerstreckung sichtbar und meßbar wird. Nach WEBERS Methode hat DORNO (3) für Davos Extremwerte festgestellt; JENSENS Lindenberger Ergebnisse sind noch nicht veröffentlicht. Der Verfasser (GÖTZ [5]) bestimmte die Planktonalbedo vom Aroser Weißhorn aus der Kontrastminderung der Fernsicht verschiedener Entfernung.

Tabelle 38. Vergleichstabelle der Albedo des Luftplanktons.

Kiel	größte Luftsichtigkeit	$M = 0,000041$
Davos, 1600 m,	„ „	0,000026
„	leichter Taldunst	0,000184
„	mittlerer Taldunst	0,001000
„	schwerer Taldunst	0,002900
„	dichter Kältenebel	0,007400
Weißhorn Arosa, 2650 m,	20. März 1925	0,000018

b) Die LOSCHMIDTsche Zahl. Soweit die Zerstreuung des Lichtes nur an den Luftmolekülen selbst, also nach dem RAYLEIGHschen Gesetz, erfolgen würde, läßt sich aus den Extinktionskoeffizienten die LOSCHMIDTsche Zahl ableiten, also die Anzahl n der Gasmoleküle, die im Kubikzentimeter (bei 0° und 760 mm) enthalten sind. Die Bestimmung der LOSCHMIDTschen Zahl aus Extinktionskoeffizienten bildet so geradezu ein Kriterium für die Reinheit der Atmosphäre, da Trübungen zu einem von den übrigen physikalischen Bestimmungen ($n = 2{,}70 \cdot 10^{19}$) stark abweichenden Wert führen müssen. So führten DEMBERS erste Bestimmungen vom Monte Rosa (4560 m) im August 1912 zu einem Wert von kaum der Hälfte des Richtigen, er schreibt seine definitiven Ergebnisse (DEMBER) vom Pik von Teneriffa in erster Linie dessen größerer Luftreinheit zu: „Wegen des geringeren Staub- und Wasserdampfgehalts und des erreichten hohen Sonnenstands ist der Pik für astrophysikalische Untersuchungen viel geeigneter als das Schweizer Hochgebirge." Zweifellos liegt der Grund (JENSEN) der zu niedrigen Monte-Rosa-Werte in der allgemeinen Trübung der Atmosphäre durch die großartige Eruption des Katmai im Jahre 1912 (z. B. GÖTZ [6]). Schon die Höhenlage von Arosa genügt zur Ableitung eines vollbefriedigenden Wertes für die LOSCMIDTsche Zahl.

Hierfür eignet sich wegen seiner strengen Definierung bestens der Spektralbezirk mit dem optischen Schwerpunkt 320,5 $\mu\mu$, dessen Transmissionskoeffizienten a in Tab. 39 gegeben sind.

Tabelle 39. Transmissionskoeffizienten der Wellenlänge 321 $\mu\mu$, Arosa.

Einheit der Luftmasse	Jan.	Febr.	März	April	Mai	Juni	Juli	Aug.	Sept.	Okt.	Nov.	Dez.	Jahr
$b=609$	0,482	0,495	0,448	0,458	0,477	0,464	0,468	0,513	0,481	0,478	0,519	0,497	0,482
$b=760$	0,402	0,414	0,365	0,377	0,397	0,385	0,389	0,437	0,403	0,399	0,440	0,416	0,402

Für die Wellenlänge 320 $\mu\mu$ fand DEMBER im August auf dem Pik von Teneriffa den Wert $a = 0{,}442$, der Aroser Vergleichswert lautet 0,437. Übrigens beruhen die Daten der Tab. 39 ja nicht auf ausgesucht günstigen Tagen, sondern sie sind Monatsmittel. Noch etwas günstiger als August stellt sich bezüglich Minimums an Trübungspartikeln der November. Mit

$$n^{0}_{760} = 4{,}735 \cdot 273 \cdot 10^{-8} \cdot H_0 \cdot \frac{b}{760} \cdot \frac{1}{\lambda^4 \log{(1/a)}}$$

und der Höhe der homogenen Atmosphäre $H_0 = 7827$ m ergibt das Novembermittel Arosa in voller Übereinstimmung mit den physikalischen Daten als

LOSCHMIDTsche Zahl $n = 2{,}69 \cdot 10^{19}$.

c) **Die hohe Ozonschicht.** Wie durch die Ableitung der LOSCHMIDTschen Zahl bewiesen, beruht auch für Arosa die Hauptschwächung der kurzwelligen Sonnenstrahlung auf der RAYLEIGHschen Zerstreuung durch die Gasmoleküle der Luft selbst, wozu je nach Jahreszeit mehr oder minder noch etwas Zerstreuung an den eigentlichen Trübungspartikeln tritt. Für Wellenlängen kleiner als 320 $\mu\mu$ tritt nun hinzu noch etwas ganz Neues, was zur starken Absorption des Ultrarot durch Wasserdampf das Gegenstück bildet. Es ist dies die überaus starke selektive

Absorption durch das Ozon der hohen Atmosphäre. Hat man zwei benachbarte Wellenlängen, auf deren eine das Ozon noch keinen Einfluß hat, während die andere ihm unterworfen ist, so muß ihr gegenseitiges Verhalten schön gestatten, die Zerstreuung — als für beide in erster Annäherung gleich groß — und die Ozonschwächung zu trennen. Durch die Zerlegung der Ultraviolettstrahlung bei 320 $\mu\mu$ verfügen wir über zwei solcher Bereiche, denn die Ableitung der LOSCHMIDTschen Zahl lehrt, daß die Wellenlänge 321 vom Ozon noch unbeeinflußt ist, wenn sie auch schon inselartig innerhalb der vorgeschobenen FOWLER-STRUTTschen Absorptionsbande liegt. So entnimmt man leicht der Abb. 19 maximalen Ozongehalt im Frühjahr, minimalen im Spätjahr, was zunächst als vorläufiges Ergebnis in einer die Entwicklung des Ozonproblems allgemeinverständlich darstellenden Arbeit veröffentlicht wurde (GÖTZ [7]). Dieses Resultat, dasjenige von DOBSON und HARRISON, die ab August 1924 spektroskopisch maßen, und meine definitiven Ergebnisse (GÖTZ [3]) stehen in erfreulicher Übereinstimmung.

Meine Daten sind folgendermaßen abgeleitet: das Verhältnis der Strahlung λ 321 $\mu\mu$ zur benachbarten Strahlung $\lambda < 320$ $\mu\mu$ (bzw. zur gesamten auf Kadmiumzelle wirksamen Strahlung) ist eine stetige Funktion der Weglänge in Ozon. Finden wir nun beispielsweise bei 15° Sonnenhöhe im April diejenige Verhältniszahl, die im Jahresmittel nach Tab. 36 erst bei 12° Höhe erreicht wird, so wird sich die Ozonschicht im April zur mittleren des Jahres verhalten wie die Weglänge bei 12° zu der bei 15°; also gleich 4,7 : 3,8, das sind 123% des Jahresmittels.

Bei dem hohen Interesse, das einer Kenntnis der hohen Ozonschicht von den verschiedensten Gesichtspunkten aus zukommt, seien in Tab. 40 (S. 58 u. 59) die Werte von Tag zu Tag wiedergegeben. Spalte 1 gibt den Ozongehalt in relativem Maß, das so gewählt ist, daß die Zahlen annähernd auch absolute sein dürften in Millimetern Schichtdicke reinen Ozons unter Normaldruck (FABRY u. BUISSON); Spalte 2 gibt die Daten in Prozenten der durchschnittlichen Monatswerte, die bei der relativ kurzen Beobachtungszeit natürlich noch keine Normalwerte sein können; in Spalte 3 sind noch beigeschrieben die Abweichungen des Barometerstands in Arosa von den langjährigen Normalwerten.

Am anschaulichsten spricht die graphische Darstellung der Monatsmittel in Abb. 22. Die Ozonschicht verhält sich vom Frühjahr zu Herbst wie etwa 4 : 3, aber der Jahresgang ist von Jahr zu Jahr sehr verschieden. Sehr bedeutsam ist nun die hohe Korrelation zwischen Luftdruck am Erdboden und dem doch in größter Höhe (vgl. Seite 65) zu suchenden Ozon. Die von DOBSON organisierten künftigen täglichen Ozonparallelmessungen an 6 weitverteilten Observatorien Nordwesteuropas, dessen nördlichstes (Abisko) im Reich der Mitternachtssonne liegen und dessen südlichstes Arosa sein wird, dürften weitere Einblicke gestatten in den bedeutsamen Zusammenhang zwischen Ozongehalt und Luftdruckverteilung. Ich sehe den Kern des Problems darin, ob Ozon- oder ob Luftdruckschwankungen sich primär erweisen werden.

In Übereinstimmung mit Dobson finde ich leicht angedeutet auch eine Abnahme des Ozongehalts mit Zunahme der Sonnenfleckentätigkeit, freilich fallen meine Beobachtungen gerade in die Zeit eines Sonnenfleckenminimums; auch die diesbezüglich 1916 und 1917 in günstigere Zeit fallenden Ultraviolettmessungen Dornos, die erhöhte ultraviolette Strahlung bei vermehrter Sonnentätigkeit anzeigen, lassen sich so deuten; es wäre überaus begrüßenswert, wenn Herr Dorno sich einer Bearbeitung seiner unerreichten, vieljährigen Beobachtungsreihen mit Kad-

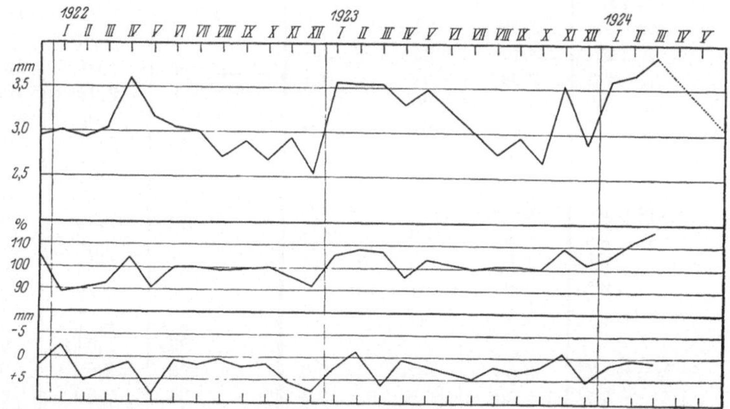

Abb. 22. a Jahresgang des Ozongehalts der hohen Atmosphäre. b Prozentuale Abweichungen des Ozongehaltes vom mittleren Jahresgang. c Abweichungen des Luftdrucks Arosa vom normalen Jahresgang.

miumzelle nach diesem Gesichtspunkt annehmen wollte; nur darf man nicht schließen, das gleichzeitige Anschwellen von Sonnen- und Himmelsstrahlung im Ultraviolett deute auf tatsächliche extraterrestrische Vermehrung der ultravioletten Strahlung (Dorno [3]); wird die Intensität der am Erdboden erfaßbaren ultravioletten Sonnenstrahlung in erster Linie durch selektive Absorption der Ozonschicht in großer Höhe geregelt, so kann, wenn diese weniger durchläßt, hernach auch weniger als diffuses Himmelslicht zerstreut werden (darüber V. 2, a). Hinsichtlich der von Pettit vertretenen ungemein großen langperiodischen Änderungen des extraterrestrischen Sonnenultraviolett dürfte wohl auch noch die Fortsetzung seiner Reihen unbedingt abzuwarten sein.

Zwischen Abbots (Abbot and Colleagues) Werten der

Solarkonstante

und Ozongehalt über Arosa fand ich keine Beziehung — bestünde vielleicht eine solche am Ort der Bestimmung der Solarkonstante? Es ist

Tabelle 40. Ozongehalt der hohen Atmosphäre, Arosa.

1. Ozongehalt in willkürlichem Maß.
2. Ozongehalt in Prozenten des Monatsnormalwerts.
3. Abweichung des Barometerstandes Arosa vom Monats-Normalwert.

	1.	2.	3.			1.	2.	3.
1921					**1922**			
Dez. 5.	2,96	106	+ 2,4		Juni 1.	2,96	97	+ 1,8
„ 12.	3,03	109	+ 3,5		„ 14.	3,61	118	− 4,3
„ 13.	3,01	108	+ 1,0		„ 21.	2,86	94	+ 3,5
„ 15.	2,83	102	− 2,1		„ 23.	2,93	96	− 0,3
„ 16.	(3,08)	111	+ 0,3		„ 24.	2,99	98	+ 1,2
„ 27.	(2,86)	103	+ 5,5		„ 28.	3,01	98	+ 0,4
	2,96	106	+ 1,8			3,06	100	+ 0,4
1922					Juli 1.	3,28	109	+ 2,6
Jan. 19.	3,09	91	− 5,1		„ 2.	3,05	102	+ 1,5
„ 21.	3,17	93	− 2,9		„ 4.	3,01	100	+ 3,1
„ 22.	2,94	87	+ 0,3		„ 11.	3,09	103	+ 0,4
„ 23.	3,05	90	− 2,6		„ 18.	3,02	100	− 2,9
„ 27.	2,85	84	− 3,9		„ 20.	2,97	99	+ 2,0
	3,02	89	− 2,8		„ 21.	2,80	93	+ 1,1
					„ 29.	2,97	99	+ 1,8
Febr. 18.	2,85	88	− 2,0		„ 30.	2,82	94	+ 2,9
„ 23.	3,35	103	+ 6,0			3,00	100	+ 1,4
„ 25.	2,77	85	+ 9,4					
„ 26.	2,84	87	+ 7,3		Aug. 26.	2,88	105	+ 1,1
	2,95	91	+ 5,2		„ 27.	2,67	97	+ 0,9
					„ 28.	2,54	92	+ 3,3
März 7.	3,04	92	− 0,3		„ 29.	2,62	95	− 1,2
„ 15.	2,80	85	+ 3,4		„ 31.	2,96	108	− 3,5
„ 16.	3,37	102	+ 3,6			2,73	99	0,1
„ 17.	3,10	94	+ 3,8					
„ 18.	3,02	92	+ 3,7		Sept. 14.	3,30	112	− 10,1
	3,07	93	+ 2,8		„ 17.	2,89	99	+ 3,0
					„ 19.	3,05	104	+ 4,8
April 6.	4,03	116	− 3,0		„ 21.	2,70	92	+ 8,6
„ 14.	3,54	102	+ 5,4		„ 23.	2,64	90	+ 2,4
„ 15.	3,35	97	+ 4,8			2,92	99	+ 1,7
„ 24.	(3,53)	102	− 3,3		Okt. 14.	2,71	101	+ 3,2
	3,61	104	+ 0,9		„ 15.	2,58	96	+ 1,9
					„ 16.	2,81	105	− 1,8
Mai 6.	3,88	129	+ 8,2			2,70	101	+ 4,1
„ 7.	3,27	109	+ 10,7					
„ 8.	3,11	104	+ 9,9		Nov. 7.	3,28	106	− 3,7
„ 20.	3,43	105	+ 12,1		„ 10.	(3,27)	106	+ 3,9
„ 21.	2,90	89	+ 9,0		„ 12.	2,95	96	+ 3,8
„ 22.	3,04	93	+ 6,0		„ 13.	2,80	91	+ 6,9
„ 23.	2,96	91	+ 5,3		„ 14.	2,63	85	+ 7,5
„ 24.	2,92	89	+ 5,5		„ 22.	2,93	95	+ 8,4
„ 29.	3,12	96	+ 6,9		„ 23.	2,77	90	+ 9,7
	3,18	91	+ 8,2			2,95	96	+ 5,2

Tabelle 40 (Fortsetzung).

	1.	2.	3.
1922			
Dez. 1.	2,46	89	+ 3,9
„ 12.	2,42	87	+ 8,2
„ 14.	2,62	94	+ 9,1
„ 15.	2,74	99	+ 6,8
	2,56	92	+ 7,0
1923			
Jan. 2.	3,77	111	+ 3,7
„ 5.	3,38	100	− 1,9
„ 14.	3,50	103	+ 2,0
„ 22.	3,63	107	+ 4,7
	3,57	105	+ 2,1
Febr. 3.	2,65	82	+ 6,9
„ 6.	3,40	105	. − 4,0
„ 7.	3,83	118	− 4,8
„ 10.	3,08	88	− 0,1
„ 14.	4,48	138	+ 1,3
„ 22.	3,83	118	− 10,3
	3,54	108	− 1,8
März 13.	4,20	127	+ 2,2
„ 16.	4,16	126	+ 4,0
„ 17.	(3,50)	106	+ 4,0
„ 18.	3,52	106	+ 4,0
„ 19.	3,48	105	+ 4,6
„ 25.	3,15	95	+ 9,5
„ 26.	(2,99)	90	+ 8,8
„ 27.	3,35	101	+ 9,5
	3,54	107	+ 5,8
April 2.	3,43	99	+ 2,9
„ 3.	2,84	82	+ 2,9
„ 4.	3,20	92	− 1,3
„ 6.	3,69	107	− 4,6
„ 10.	3,56	103	− 1,6
„ 11.	3,19	92	+ 1,2
	3,32	96	− 0,1
Mai 1.	3,26	100	+ 7,4
„ 5.	3,18	97	+ 5,5
„ 7.	3,16	97	+ 6,4
„ 8.	3,23	99	+ 4,0
„ 11.	3,47	106	− 5,6
„ 12.	3,66	112	− 5,9
„ 15.	3,59	110	− 2,0
„ 23.	3,26	100	+ 2,1
„ 29.	3,32	102	+ 0,6
	3,48	103	+ 1,4

	1.	2.	3.
1923			
Juli 5.	3,15	105	+ 3,2
„ 10.	2,87	95	+ 3,2
„ 11.	2,97	99	+ 5,4
„ 12.	2,83	94	+ 6,9
„ 17.	2,84	95	+ 0,3
„ 20.	3,28	109	+ 4,4
„ 21.	3,11	104	+ 5,7
	3,01	100	+ 4,2
Aug. 5.	2,93	106	+ 1,7
„ 6.	2,52	92	+ 2,4
„ 8.	2,72	99	+ 4,2
„ 10.	2,74	100	+ 5,6
„ 13.	2,74	100	+ 3,7
„ 18.	2,99	109	− 5,5
„ 21.	2,74	99	− 1,5
	2,77	101	+ 1,5
Sept. 5.	3,14	107	+ 3,0
„ 8.	(3,10)	106	+ 3,9
„ 24.	3,10	106	− 1,7
„ 25.	2,95	100	− 0,2
„ 26.	2,62	89	+ 3,5
„ 29.	2,81	96	+ 7,7
	2,95	101	+ 2,7
Okt. 2.	2,90	108	+ 3,8
„ 5.	3,23	120	− 5,6
„ 11.	2,23	83	+ 2,9
„ 12.	2,22	83	− 1,6
„ 17.	(3,11)	116	+ 4,5
„ 30.	(2,39)	89	+ 4,6
	2,68	100	+ 1,4
Nov. 12.	2,98	97	+ 6,6
„ 20.	3,73	121	− 10,1
Dez. 13.	2,84	102	+ 4,9
1924			
Jan. 6.	3,35	99	+ 1,7
„ 10.	3,69	106	− 5,5
„ 12.	3,92	116	+ 5,7
„ 24.	3,36	100	+ 2,6
	3,58	105	+ 1,1

darum ganz besonders erfreulich, daß als 7. Beobachtungsstation der DOBSONschen Organisation an den Ozonmessungen noch die Smithsonian-Solarkonstantenstation Montezuma in Chile (Höhe ca. 10 000 Fuß) (ABBOT u. COLLEAGUES) teilnimmt. Die kurzperiodischen Änderungen der Solarkonstante sind z. Zt. ja lebhaft umstritten, hierfür möchten die Ozonmessungen in Montezuma ein Kriterium abgeben. Vielleicht darf hier auch auf ein anderes von mir vor 6 Jahren angegebenes Kriterium nochmals hingewiesen werden, da es noch nicht genügend ausgemünzt ist. ABBOT, FOWLE und ALDRICH stützen den Wechsel der Solarkonstantenwerte durch den wechselnden Solarkontrast zwischen Mitte und Rand der Sonnenscheibe, der nach ihnen reell solar ist; darauf hingeführt durch das Studium der Kontraste der Mondoberfläche (GÖTZ [8]), zeigte ich, daß für Änderungen des Solarkontrasts auch weitgehend veränderte Lichtzerstreuung in der Erdatmosphäre (GÖTZ[9]) haftbar gemacht werden könnte; allerdings die Lichtzerstreuung auf geringe Distanz, wie ich sie wohl erstmals durch den Helligkeitsabfall des Himmels in der Nähe des Gestirns maß und nicht die allgemeine Extinktion; so dürfte mit ABBOTS (2) auf meinen Einwand hin mit größter Sorgfalt geführten Nachweis, daß die Kontrastschwankungen von den üblichen Transmissionskoeffizienten unabhängig sind, doch wohl noch nicht das letzte Wort gesprochen sein.

Bezüglich der Höhenlage der Ozonschicht sei auf die Bemerkung am Schluß dieses Kapitels verwiesen.

d) Ozon und ultravioletter Lichthaushalt. Im 1. Abschnitt dieses Kapitels ist darauf hingewiesen, daß der optische Schwerpunkt der Kadmiumzelle je nach Sonnenstand wandert, daß aber aus nunmehr bekanntem Ozongehalt und aus den Absorptionskoeffizienten des Ozons die Ozonabsorption für jede Wellenlänge berechnet werden könnte; über die nichtozonbedingte Strahlenschwächung gibt dann Tab. 35 die ergänzende Auskunft. Im Hinblick auf geplante spektrale Intensitätsmessungen sei dies hier nicht näher durchgeführt; nur kurz sei gestreift, wie die gefundene Jahresschwankung des Ozons von etwa 1,0 mm den Lichthaushalt der kürzesten Wellenlängen des Sonnenultraviolett (DORNO [1], MEYER) beeinflußt. Nach den Absorptionskoeffizienten von FABRY und BUISSON bedingt 1,0 mm Ozonunterschied die folgenden Unterschiede nach Intensitätslogarithmen, wenn m den üblichen Strahlenweg in der Erdatmosphäre bedeutet mit $m = 1$ in Richtung Zenith:

λ 314,3	0,07 m	λ 299,7	0,47 m	λ 294,6	0,93 m
λ 305,2	0,23 m	λ 296,3	0,74 m	λ 293,6	10,5 m
λ 302,2	0,34 m	λ 295,6	0,81 m	λ 293,1	1,12 m

Für 20° ($m = 2,9$) und 50° ($m = 1,3$) Sonnenhöhe bedingt demnach 1,0 mm Ozonschwankung als Amplitude der Intensitäten (natürlich noch

ohne Berücksichtigung der Zerstreuung an Molekülen und Trübungspartikeln):

	Amplitude 20°	Amplitude 50°
314,3	1 : 1,6	1 : 1,2
305,2	4,7	2,0
302,2	10	2,8
299,7	23	4,1
296,3	140	9
295,6	220	11
294,6	500	16
293,6	1100	23
293,1	1800	29

Es sei nochmals daran erinnert, daß wir auf Grundlage der Seite 44 als
Wellenlängen größter Erythemwirksamkeit etwa 311 $\mu\mu$ für 20° und
306 $\mu\mu$ für 50° Sonnenhöhe nannten.

4. Strahlung und Wetterlage.

Nachdem bis jetzt meist nur auf „Normalwerte" abgestellt wurde,
sollen zum Schluß der beiden Kapitel über Wärme- und Ultraviolettsonnenstrahlung noch einige typische Einzelfälle des umfangreichen
Materials berücksichtigt werden.

Ausnehmend klare Tage

mögen die Gesamtstrahlung bis auf 5 oder 6% über Normal steigern.
Hierher gehören manche Tage nach Neuschnee, Tage unter allererstem
leichtem Föhneinfluß wie der 12. Oktober 1923 mit 105% der Normal-
strahlung; am 15. Januar 1925 ist — bei Monatsminimum der Luftfeuchtigkeit und innerhalb einer Periode sehr hohen Barometerstandes —
in den Morgenstunden 106% gemessen, der entsprechende Trübungsfaktor war nur 1,13. Einem gutentwickelten Abendpurpurlicht —
dessen Jahrgang hier etwa wiedergegeben werden kann durch Winter 2,
Frühjahr 0, Sommer 1, Herbst 3 — dürfte am nächsten Tag ein An-
stieg der kurzwelligen Strahlung von durchschnittlich 3% folgen. Auf
die erhöhten Strahlungswerte im kurzwelligsten Ultraviolett infolge geringeren Ozongehalts und den aussichtsreichen Zusammenhang zwischen
Ozongehalt und Luftdruckverteilung ist bereits kurz hingewiesen. Bei
typischem

Föhneinbruch

dürfte die kurzwellige Strahlung gesteigert, Rot-Ultrarot gesenkt sein
und die hohen Schichten geringeren Ozongehalt aufweisen. Ein solcher
Tag ist der 22. April 1925 der Tab. 41, dann wohl auch der
29. Mai 1923, ein Tag mit öfterem Halo nach Neuschnee und „stechender
Sonne".

Der 29. August 1922 — mit starkem Föhn, dem am nächsten Tage
Regen folgte — stellt offenbar ein mittleres Stadium dar. Gegen das

Tabelle 41. Prozentuale Strahlungsintensität bei Föhn, Arosa.

	h	U.R.-Rot	Gesamt	Grünblau	$\lambda\,321\,\mu\mu$	U.V. $\lambda < 320\,\mu\mu$
22. Apr. 1925	$45°, p$	98	101	108		
29. Mai 1923	$50°, p$	96	100	108	105	120
29. Aug. 1922	$45°, a$	95	95	95	94	94
12. Mai 1923	$50°, a$	92	88	79	68	56
31. Aug. 1922	$37°, a$	98	96	91	95	83

Endstadium haben wir weißlichtrüben Himmel; der 12. Mai 1923 überzog sich bei kräftigem Föhn mehr und mehr und brachte abends Schnee; der 31. August 1922 brachte am Spätabend Regen; hier ist nun die kurzwellige Strahlung mehr geschwächt und der Ozongehalt der Höhe liegt vielleicht 10% über Normal.

Diese Darstellung ist in Übereinstimmung mit den Beobachtungen von SÜRING, „daß am Anfang eines Föhneinbruchs die Ultraviolett-strahlung, am Ende desselben die Wärmestrahlung am größten zu sein pflegt." Manche Einzelbeispiele zeigen schon im Verlaufe des Tages gut solche Änderungstendenzen, hier dürfte künftig gerade der Einzelfall sich besonders instruktiv erweisen. Für Tage mit

stärkerem Dunst

scheinen sämtliche Einzelfälle der wärmeren Jahreszeit anzugehören; sogenannter winterlicher Taldunst fehlt ja in Arosa. Dem Dunsteinfluß entspringen im Mittel für die Sonnenhöhen 25—30° die relativen Intensitäten der Tab. 42.

Tabelle 42. Prozentuale Strahlungsintensität bei Dunst, Arosa.

h	U.R.-Rot	Gesamt	Grünblau	$\lambda\,321\,\mu\mu$	U.V. $\lambda < 320\,\mu\mu$
25—30°	93	92	89	85	86

In Agra geht die Strahlung bei Dunst gegenüber klarer Föhnlage für die Sonnenhöhe 15—20° im Jahresmittel zurück auf: Gesamtstrahlung 80%, U.V. 321 $\mu\mu$ 74% und kurzwelliges U.V. 75%. Als Beispiel eines besonders kräftigen Dunsttages in Arosa sei der 11. Juli 1923 in Prozenten des klaren 17. Juli gegeben.

h	U.R.-Rot	Gesamt	Grünblau	Ultraviolett 321	Ultraviolett < 320
25°	89	86	81	—	—
30°	91	89	84	—	61
35°	93	90	85	70	61
40°	95	92	86	76	—
45°	96	92	86	(70)	—
50°	—	—	—	—	84

Eine derb die Sonne umschließende

Aureole

drückt die Gesamtstrahlung um etliche Prozent. Für diese Spalte dürften auch die Ringerscheinungen vom 16. November 1921 typisch sein:

	h	U.R.-Rot	Gesamt	Grünblau	U.V. 321	U.V. < 320
Aureole	15—25°	96	97	100	95	95
(Durchschnittswerte)						
16. Nov. 1921 . .	16°	93	95	101	—	95

An diesem 16. November ist bei voller Helligkeitsstufe leichte Ci-Str- und Ci-Cu-Bewölkung notiert. Ganz entsprechend führen auch für allerfeinsten

Zirrusschleier

der Helligkeitsstufe S_{4-3} die etlichen Prozent Einbuße der Gesamtstrahlung im wesentlichen zurück auf Ultrarot-Rot. Bei schönentwickelten Nebensonnen gibt S_{3-4} am 11. Februar 1925 93% Gesamtstrahlung.

In der Literatur ist verschiedentlich hervorgehoben, daß leichter Zirrusschleier (S_3) die kurzwellige Strahlung kaum schwächt, ja eher noch steigert, was DORNO durch die stärkere Erhellung des der Sonne benachbarten Himmelsstückes deutet, welches bei den gebräuchlichen Meßinstrumenten noch zusammen mit der Sonne zur Messung kommt. Bei weiß-zirröser Bewölkung niedrigerer Helligkeitsstufe finde ich dann deutlich, daß — in krassem Gegensatz zum molekularzerstreuenden blauen Himmel — sämtliche Strahlenarten bis ins Ultraviolett prozentual gleich stark geschwächt sind; eine relativ sogar noch geringere Schwächung der Strahlung $\lambda < 320\ \mu\mu$ könnte hindeuten auf Zusammenhänge verminderten Ozongehalts der hohen Atmosphäre mit den Eiswolken.

Tabelle 43. **Prozentuale Strahlungsintensität bei Halo, Arosa.**

	h		U.R.-Rot	Gesamt	Grünblau	λ 321	$\lambda < 320$
18. Okt. 1923	33°	S_{2-3}	—	65	—	65	76
18. Okt. 1923		S_2	—	62	—	61	—
22. Nov. 1921	20°	S_2	25	26	30	—	—

Zur Orientierung noch ein paar Einzelfälle mit Zirruseinfluß:

22. Jan. 1922	S_3	$h = 10°$	107%
,,	S_2	15°	34%
,,	S_{2-3}	15°	72%
,,	S_2	20°	45%
,,	S_{2-3}	15°	70%
,,	S_2	10°	47% (Bald darauf Halo)
28. Okt. 1921	S_{3-4}	15°	96%
,,	S_{2-3}	30°	69%
,,	S_2	20°	70%
,,	S_2	15°	43%

Für das letztere Beispiel sei für 30° Sonnenhöhe auch noch der Trübungsfaktor abgeleitet, der — abstellend auf molekulare Zerstreuung als Einheit — hier für Ultrarot-Rot besonders hohe Werte liefert:

	Ultrarot-Rot	Gesamt	Grün
Relative Intensität	69%	69%	69%
Zugehöriger Trübungsfaktor .	12,47	3,61	2,25
Normaler Trübungsfaktor . .	2,47	1,52	1,29

Ganz anderen, besonderen Charakter hat eine außerordentlich starke

Trübung vom 22. Mai 1924.

Schon vormittags ist merkwürdig undurchsichtiges Himmelsblau notiert. Um Sonne weißlich-hellhimmelblaue Scheibe mit breitem bräunlichem Saum, etwa mit den Radien

	Scheibe	Saum
$11^a 15$	18°	
$2^p 50$	24°	
$5^p 18$	27°	52°

Die geringe Bewölkung bestand aus Cumuli von — offenbar infolge der hohen Dunstschicht — sehr blassem Aussehen. In Prozenten der mittleren Monatswerte fanden sich — natürlich gemessen bei fehlender direkter Bewölkung vor Sonne — die folgenden Intensitäten:

h	U.R.-Rot	Gesamt	Grünblau	U.V. 321	U.V. < 320
60°, a	90	82	67	—	—
45°, p	84	76	59	—	46
25°, p	82	71	49	—	41
15°, p	79	66	34	—	34

Nach Ultrarot-Rot und Grünblau zu schließen dürfte die Zerstreuung mit abnehmender Wellenlänge nicht gar weit abliegen vom RAYLEIGH-schen Gesetz — ob diesbezüglich relativ hohes kurzwelliges Ultraviolett durch verringerten Ozongehalt zu deuten ist, kann mangels Messungen bei 321 $\mu\mu$ nicht entschieden werden. Zum selben Schluß führt auch die Berechnung der Trübungsfaktoren, denen in Klammer die Normalwerte beigesetzt sind:

h	U.R.-Rot	Gesamt	Grünblau
60°, a	7,97 (3,61)	3,86 (1,89)	3,10 (1,54)
45°, p	7,51 (3,43)	3,79 (1,89)	3,20 (1,57)
25°, p	6,80 (3,12)	3,45 (1,82)	2,91 (1,55)
15°, p	5,85 (2,81)	3,16 (1,68)	2,82 (1,40)

Dies bedeutet also eine Steigerung der Trübungsfaktoren im Verhältnis von

60°, a	1 : 2,2	1 : 2,0	1 : 2,0
45°, p	2,2	2,0	2,0
25°, p	2,2	1,9	1,9
15°, p	2,1	1,9	2,0

Also eine Steigerung unabhängig von Spektralbereich und Schichtdicke auf das Doppelte.

Auch die ultraviolette Himmelsstrahlung lag — jedenfalls bei den tieferen Sonnenständen des Nachmittags — reichlich 10% unter Normal.

Am folgenden Morgen des 23. Mai war die Erscheinung jedenfalls schon stark zurückgegangen. Es ist auf sie etwas eingehender eingegangen, weil sie auch auf der Sternwarte Königstuhl-Heidelberg — wo wahrlich keine atmosphärisch-optische Störung unbemerkt durchzuschlüpfen scheint — notiert ist und sicher auch am Material anderer Strahlungsobservatorien noch studiert werden kann. Prof. WOLF (1) schreibt: „Am 23. Mai gegen Abend wurden die Ultra-Zirren in auffälligster Weise sichtbar; später blieb der Himmel hell bis zur Polhöhe und starker Hochschleier, der in 45° Zenitdistanz etwa 1,5 Größenklassen verzehrte, trat auf. Derselbe blieb, von etwas verstärkten Dämmerungsfarben begleitet, bis zum 30. Mai, wo er bei kräftiger Ostströmung verschwand."

Größere

Trübungen durch Vulkanausbrüche

fallen in die Beobachtungszeit nicht. Immerhin scheint in Arosa [GÖTZ (10)] der einzige europäische Nachweis der vulkanischen Trübung durch die große Eruption in Chile vom 13. Dezember 1921 geglückt zu sein, soweit es sich um Beobachtungen am Tageshimmel handelt; als Ergänzung zu den „hellen Streifen am Nachthimmel", die J. HARTMANN mit diesem Vulkanausbruch in Zusammenhang brachte, der die Staubwolken in La Plata vorüberziehen sah. Nach M. WOLF (2) sah man die hellen Nachtstreifen in Südwestafrika am 27. Dezember, in Sonneberg (C. HOFFMEISTER) am 25. Januar, in Heidelberg am 30. Januar, in Essen am 3. Februar; F. KAISER will sie sogar nach voller Erdumkreisung wiederfinden in den 62 km hohen Danziger leuchtenden Nachtwolken vom Juni 1922. In Arosa setzten die außergewöhnlichen atmosphärisch-optischen Erscheinungen um die Mittagszeit des 22. Januar 1922 ein — Ringerscheinungen um die Sonne, anormale Helligkeitsverteilung und Überzirren; die Gesamtintensität der Sonnenstrahlung war nur leicht geschwächt, um so bemerkenswerter ist das folgende:

Unter Berücksichtigung von Jahresgang und Barometerstand war zu jener Zeit der Ozongehalt der hohen Atmosphäre ganz auffallend gering. Es liegt nahe, darin die desozonisierende Wirkung des Vulkanstaubs zu sehen — ein Umstand, der bei künftigen Vulkantrübungen großen Stils, wie etwa im Jahre 1912, ganz besonderes Augenmerk verdienen dürfte. Dann dürfte auch vor allem die Ozonschicht in der Höhe der „hellen Streifen am Nachthimmel" zu suchen sein (GÖTZ [3]). CABANNES und DUFAY geben für ihre Höhe 50 km.

V. Ultraviolette Himmelsstrahlung und Ortshelligkeit.

1. Die Meßmethode.

Zur Messung des Oberlichtes, also der Beleuchtung der Horizontalebene durch Sonne plus Himmel, bzw. durch den Himmel allein, ergänzte ich die im vorigen Kapitel beschriebene Apparatur nach dem Vorgang von Dorno durch eine gerauhte Quarzplatte, beidseitig mattiert und 2 mm dick. Die dabei auftretenden Schwierigkeiten interpretierte Dorno (3) dahin, daß ungenügend diffundierte direkte Sonnenstrahlen die Zellschicht treffen sollten; so montierte ich die Quarzplatte Q entsprechend weit ab von der Zelle. Durch Aufsetzen des Tubus bei Belassung der Quarzplatte kann so wieder, wie Abb. 23 zeigt, die Sonnenstrahlung gemessen werden; bei dieser Montierung wurde dem Tubus noch ein Verlängerungsstück aufgesetzt, um gleichen Gesichtswinkel des zugleich mit Sonne noch mit einstrahlenden Himmelsstücks zu erhalten wie bei den normalen Sonnenmessungen (maximaler Gesichtswinkel ohne Blende 8°). Durch Vergleichsmessungen dieser und der sonst üblichen Anordnung bestimmt sich der Durchlässigkeitsfaktor der Quarzplatte, und damit die Möglichkeit einer Reduktion aller Messungen auf die frühere Normalskala. Für den Durchlässigkeitsfaktor ergab sich sowohl für verschiedene Sonnenhöhen, wie für Strahlung mit oder ohne Filter derselbe Wert von rund 4%; das mattierte Quarzglas ist in unserem Gebiet also streng neutral — übrigens nur sehr empfindlich gegen leichteste Verschmutzung, falls sich bei längerem Gebrauch Staub in die feinen Poren einsetzt. Mißt man nun mit dieser Universalmontierung einmal das Oberlicht und bringt hiervon die aus dem Kosinus des Einfallwinkels berechnete Sonnenkomponente in Abzug, so sollte der Rest als Himmelsstrahlung natürlich identisch sein mit dem Meßergebnis, wie man es erhält, wenn man bei Oberlichtmessung wie in Abb. 24 die Sonnenstrahlung durch ein passendes Schirmchen (von entsprechendem Gesichtswinkel) abdeckt. Die Hoffnung erfüllt sich nicht; der Grund liegt darin, daß das von der nicht dreidimensional getrübten, sondern nur oberflächlich angerauhten Quarzplatte zur Zelle durchgelassene Licht nicht dem Lambertschen Cosinusgesetz folgt (Götz [2]). Statt cos z ist das folgende, in Abb. 25 veranschaulichte Beleuchtungsgesetz $f(z)$ gefunden:

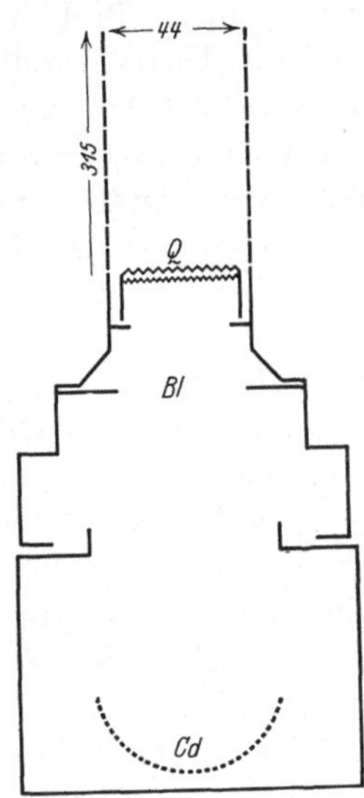

Abb. 23. Anwendung der Kadmiumzelle für Sonnen- und Himmelsstrahlung.

z	$f(z)$	n
14,9°	0,80	(8)
31,4°	0,50	(4)
40,8°	0,33	(1)
46,8°	0,24	(4)
51,8°	0,19	(2)
65,3°	0,10	(14)
71,9°	(0,07)	(5)

Das natürlich als Summe der Cosinuskomponenten sämtlicher einzelnen einfallenden Strahlen definierte Oberlicht läßt sich so mit einer Einzelmessung nicht erfassen. Auf Grund von $f(z)$ kann nun aber

Abb. 24. Kadmiumzelle auf Hörnligrat bei Arosa: Himmelsstrahlung.

der Abweichung vom normalen Cosinusgesetz weitgehend Rechnung getragen werden. Durch Integration über die zunächst überall als gleichmäßig hell vorausgesetzte Himmelshalbkugel nach beiden Beleuchtungsgesetzen $\cos z$ wie $f(z)$ wurde der Faktor abgeleitet, um welchen die mit Mattplatte gemessene Himmelshelligkeit zu klein ausfällt gegenüber einer Platte, die, dem Kosinusgesetz folgend, ideal zerstreuen würde; er ergab sich zu 2,25.

Die Fehlerquelle, die in der Voraussetzung eines gleichmäßig hellen Himmels gegenüber der tatsächlichen Helligkeitsverteilung liegt, hat auf den Reduktionsfaktor nur differenziell Einfluß; übrigens liefert nach DORNO die 30° um Zenith liegende Himmelszone bei den vor allem interessierenden hohen Sonnenständen ein Viertel zur Gesamtbeleuchtung, wie es auch genau bei gleichmäßiger Verteilung der Helligkeit am Himmel der Fall wäre. Bei tiefen Sonnenständen (Dunkelzentrum im Zenith) gibt DORNO ein Sechstel an; dem entspräche ein Reduktionsfaktor 2,5, so daß unsere Werte, die wir einheitlich mit 2,25 berechnet haben, hier dann etwas zu niedrig wären.

Von einem kompakten Quarzmilchglas könnte ein Wegfallen dieser Schwierigkeiten erhofft werden. Versuche, die schon freundlichst von verschiedener Seite zwecks Herstellung eines solchen unternommen wurden, hatten bis jetzt noch keinen befriedigenden Erfolg.

Fassen wir das Meßverfahren des Oberlichts — und natürlich auch entsprechend Seitenlichts — bei mattierter Quarzplatte nochmals zusammen:

1. Messung der Himmelsstrahlung durch Abschirmen der Sonne und Reduktion der Messung auf eine ideal zerstreuende Platte (Faktor 2,25);

2. Cosinuskomponente der Sonnenstrahlung;

3. Oberlicht als rechnerische Summe beider.

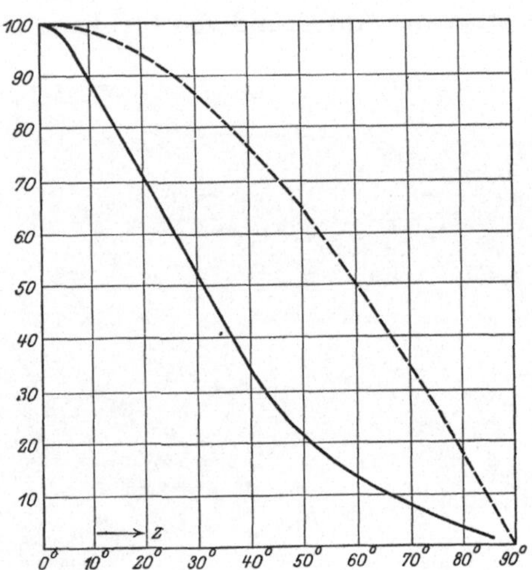

Abb. 25. Beleuchtungsgesetz der mattierten Quarzplatte $Q : f(z)$ ——; $\cos z$ -----.

Überflüssig erwies sich bei der geringen Wirkung flach einfallender Strahlung die Vorsicht, den natürlichen Horizont wegen seiner wechselnden Bodenbedeckung mit Hilfe einer Art weiten, schwarz ausgelegten Zylinders abzuschirmen.

Die Messungen des Himmelslichts wurden später aufgenommen als die des Sonnenlichts; wegen der leidigen späteren Empfindlichkeitsänderung der Zelle sind die Resultate auf die anfängliche Empfindlichkeit reduziert; ausgehend von den gemessenen Verhältniszahlen Sonnenlicht zu Himmelslicht (Tab. 46) wurden aus den Normalwerten des Sonnenlichts (Tab. 31) die des Himmelslichts usw. berechnet.

Man muß sich überlegen, ob 2 Lichtquellen von im Sichtbaren so verschiedener Intensitätsverteilung wie Sonne und Himmel überhaupt mit der Kadmiumzelle verglichen werden können, nachdem wir die Inkonstanz deren optischen Schwerpunkts im vorigen Kapitel so stark kritisierten; doch sind die starken Änderungen der Intensitätsverteilung des äußersten Ultraviolett ja eine Folge der Ozonschicht, und diese liegt in so großer Höhe, daß sie Sonnen- und Himmelslicht wenigstens in erster Annäherung gleich beeinflußt (vgl. die nächsten Zeilen).

2. Himmelsstrahlung (Schattenlicht) im Ultraviolett.

a) Die Intensitäten. Tab. 44 gibt für die gesamte auf Kadmiumzelle wirksame Strahlung die Beleuchtung der Horizontalebene durch den klaren Himmel bei Abschirmung der Sonne, also das ultraviolette Schattenlicht; die Zahlen sind in der gleichen Maßeinheit gegeben wie die der Tab. 31, beruhen freilich auf bedeutend spärlicherem Material.

Tabelle 44. Ultraviolettes Schattenlicht, Arosa.
Gesamte auf die Kadmiumzelle wirksame Strahlung. Klarer Himmel.

	$h =$															
	0°	2,5°	5°	7,5°	10°	15°	20°	25°	30°	35°	40°	45°	50°	55°	60°	65°
Januar . . .			4,9	9,0	14,5	37,1	59,4	(92)								
Februar. . .						32,6	41,2	78	131							
März						36,3	63,3	93	126	152	181	222				
Mai						29,6	54,4	76	98	134	190	243	253	271	337	385
Juli/August .		3,6	6,9	11,8	20,4	45,3	72,9	98	130	155	179	203	230	259	283	
September .						38,7	58,1	97	115	142	163	217	248			
Oktober. . .	1,0	2,5	4,8	8,4	14,2	35,2	58,6	82	110	137						
November. .						38,9	68,5	106								
Dezember .					21,0	47,0	81,1	123								

Die Ergebnisse bestätigen das in erster Linie zu Erwartende (vgl. Seite 57). Im kurzwelligen Ultraviolett bringt intensivste Sonnenstrahlung (Dezember) im Jahresgang auch die stärkste Himmelsstrahlung, und dieser Einfluß der hohen Ozonschicht wird um so maßgebender sein, je kürzer die Wellenlänge des äußersten Ultraviolett. Dem überlagert sich dann — entgegengesetzt wirkend — die Zerstreuung in dem Luftraum unterhalb der Ozonschicht; je höher und vor allem je getrübter dieser ist, desto schwächer ist die direkte ultraviolette Sonnenstrahlung, desto stärker ist aber die aus der Zerstreuung der Sonnenstrahlung ja erst entspringende Himmelsstrahlung. Dem zweiten Punkt ist es ja dann auch zu verdanken, daß die Himmelsstrahlung weit gemäßigteren Tagesgang hat als das direkte Sonnenlicht.

Im Tagesgang folgt übrigens das Schattenlicht in Abhängigkeit von der Sonnenhöhe offenbar einer Hyperbel, die herunter bis zu Sonnenhöhen von etwas oberhalb 10° durch eine Gerade (ihre Asymptote) ersetzt werden kann.

Eingehend ist das Neuland der ultravioletten Himmelsstrahlung verschiedener Höhenlagen untersucht. Aus 10 über das Jahr verteilten Meßtagen in Chur ergeben sich die in Tab. 45 niedergelegten Intensitätsverhältnisse der Himmelsstrahlung Arosa zu Chur:

Tabelle 45.
Intensitätsverhältnis des ultravioletten Schattenlichtes Arosa : Chur.

h	10°	15°	20°	25°	30°	35°	40°	45°	50°	55°	60°
	1,05	1,05	1,05	1,03	1,02	1,05	1,04	1,00	1,02	1,03	0,96
(n)	(2)	(5)	(7)	(6)	(6)	(7)	(7)	(4)	(3)	(3)	(2)

70 Ultraviolette Himmelsstrahlung und Ortshelligkeit.

Der bekannt dunkle Hochgebirgshimmel spendet also immer noch ein wenig mehr Ultraviolett als der hellere Himmel tieferer Lagen — wenigstens bis zur Höhenlage von Arosa. Zwischen Hörnligrat (2500 m) und Arosa (1860 m) kann ich im Mittel von 4 Messungstagen auf Hörnligrat dann keinen Unterschied mehr finden; in 3500 m Höhe läßt, soweit ein einzelner Tag auf Jungfraujoch auszusagen vermag, die Himmelsstrahlung dann deutlich nach.

b) Sonnen- und Schattenanteil an der Horizontalbeleuchtung nach Spektralbereich und Höhenlage. Schon die blaue Himmelsfarbe weist darauf hin, daß das Himmelslicht sehr reich an kurzwelligster Strahlung sein muß. Sehr nachdrücklich hat Dorno hierauf hingewiesen. Man vergleiche nach diesem Gesichtspunkt die Tab. 31 und 44. Tab. 46a gibt für das gesamte auf Kadmiumzelle wirksame Ultraviolett das Verhältnis der auf die Horizontalebene fallenden Komponente des Sonnenlichts s zum Schattenlicht d.

Tabelle 46. Verhältnis von Sonnenanteil s zu Schattenanteil d an der Beleuchtung der Horizontalebene Arosa im Ultraviolett.

a) Gesamte auf die Kadmiumzelle wirksame Strahlung.

	10°	15°	20°	25°	30°	35°	40°	45°	50°	55°	60°	65°
Januar . .	0,04	0,12	0,25	(0,37)								
Februar .		0,13⁵	0,35	0,43	0,44	(0,50)						
März . .		0,10	0,20	0,30	0,42	0,56	0,69	0,78				
Mai . . .		0,12	0,22	0,37	0,53	0,61	0,68	0,78	0,90	1,00	0,96	1,08
Juli/Aug.	0,02	0,08	0,18	0,32	0,45	0,63	0,76	0,90	1,05	1,14	1,24	
September		0,13	0,25	0,37	0,57	0,75	0,94	0,97	1,13			
Oktober .		0,14	0,30	0,48	0,65	0,85						
November		0,14	0,25	0,36								
Dezember	0,04	0,12	0,22									
Mittel . .	0,03	0,12	0,25	0,37	0,50	0,64	0,77	0,86	1,03	1,07	1,10	1,08

b) λ 321 $\mu\mu$.

	10°	15°	20°	25°	30°	35°	40°	45°	50°	55°	60°	65°
Mittel . .	0,04	0,20	0,37	0,51	0,61	0,71	0,69			0,84	0,80	

Erst bei 30° Höhe vermag die Sonne der Horizontalebene die Hälfte dessen zu spenden, was diese vom Himmel empfängt; und erst oberhalb von ca. 50° überholt der Sonnenanteil das Himmelslicht. Dorno gibt auch für höchsten Sonnenstand in Davos den Sonnenanteil kleiner als die Intensität des Schattenlichts; der Unterschied dürfte in erster Linie in der strengen Berücksichtigung des Beleuchtungsgesetzes der Quarzplatte in vorliegender Arbeit liegen; zuviel Gewicht sei hierauf nicht gelegt, da die ungefiltert verwendete Kadmiumzelle schließlich doch keine streng definierten Werte liefert. Verschiedentlich verfüge ich über Werte $s : d$ aus demselben Monat verschiedener Jahre, und da ergibt sich für höheren Ozongehalt größeres $s : d$, also noch größere Schwächung von d als von s; dies dürfte nur so zu erklären sein, daß die Zelle der verschieden spektralen Intensitätsverteilung von Sonnen- und Himmelslicht eben doch nicht voll gerecht wird.

Schade ist bei dieser Sachlage, daß infolge der größeren Meßschwierigkeiten das Material $s : d$ für die Wellenlänge λ 321 $\mu\mu$ viel spärlicher ist (Tab. 46b). Immerhin zeigt sich im Prinzip gleiches Ergebnis für beide ultraviolette Bereiche, so daß also die gegenüber sichtbarer Strahlung stark abweichenden Werte nicht ozonbedingt sind, sondern lediglich ein Charakteristikum kleiner Wellenlänge. Durch geeignete Verwendung eines mit Farbfiltern ausgerüsteten WEBERschen Relativphotometers (3) ist an einem klaren Januartag 1924 auch für verschiedene Farbbereiche des sichtbaren Gebiets das Verhältnis $s : d$ festgelegt; die Unsicherheit der Zahlenwerte mag reichlich 10% betragen, als Überblick reicht Tab. 47 jedoch vollkommen aus.

Tabelle 47.
Verhältnis von Sonnenanteil s zu Schattenanteil d an der Beleuchtung der Horizontalebene, Arosa. Verschiedene Spektralbereiche.

Spektralbereich	$h =$			Spektralbereich	$h =$		
	10°	15°	20°		10°	15°	20°
Rot	3,4	4,7	6,1	Blau. . .	1,0	1,6	2,5
Gelb	2,0	3,2	4,9	U.V. 321 $\mu\mu$	0,04	0,20	0,37
Grün . . .	1,6	2,6	3,7	U.V. < 320	0,03	0,12	0,25

An langwelliger Strahlung erhält die Horizontalebene also schon bei 10° Sonnenhöhe ein Mehrfaches von der Sonne gegenüber dem Himmel; für blaues Licht besteht Gleichheit; im Ultraviolett vermag bei dieser Sonnenhöhe die direkte Sonne nur 4% beizusteuern und erst bei ca. 50° Höhe kommt sie dem Himmelslicht gleich. Wohlverstanden für Höhenlage Arosa; denn die Verhältnisse $s : d$ ändern sich sehr typisch mit der Höhenlage. In Tab. 48 sind die Mittelwerte $s : d$ für die gesamte auf Kadmiumzelle wirksame Strahlung für 4 verschiedene Höhenlagen zusammengestellt; außer für Arosa für Chur, das mit umfangreichem Material vertreten ist, für Hörnligrat mit 4 über das Jahr verteilten Tagen und für einen Einzeltag, den 13. September 1923, auf Jungfraujoch.

Tabelle 48. Sonnenanteil zu Schattenlicht $s:d$ der ultravioletten Horizontalbeleuchtung in verschiedener Höhenlage.

	m	5°	10°	15°	20°	25°	30°	35°	40°	45°	50°	55°	60°	65°
Chur	600		0,02	0,06	0,15	0,27	0,40	0,52	0,68	0,67	0,81	0,84	0,86	
Arosa. . . .	1850		$0,03^5$	0,12	0,25	0,37	0,50	0,64	0,77	0,86	1,03	1,07	1,10	1,08
Hörnligrat .	2500	0,01	$0,05^5$	0,18	0,31	$0,44^5$	0,63	0,76	0,90	1,01	1,09	1,14	1,19	
Jungfraujoch	3470			0,24	0,37		0,69	0,81	1,03	1,21				

In Höhenlage Chur kommt also auch bei höchstem Sonnenstand die Sonne gegen das Schattenlicht noch nicht auf. In Arosa bei ca. 50°, in 2500 m bei 45° und in 3500 m bei 40°. Natürlich sind dies Durchschnittswerte (vgl. Tab. 46); so wurde beispielsweise auf Muottas Muraigl (2450 m) im Spätsommer 1923 schon bei derselben Sonnenhöhe Gleichheit von s und d gefunden, wie am 13. September 1923 auf Jungfraujoch.

3. Das Oberlicht.

Das Oberlicht, also die Beleuchtung der Horizontalebene durch Sonne plus Himmel, ist für wolkenlosen Himmel nach Sonnenhöhe geordnet in Tab. 49 gegeben.

Tabelle 49. Ultraviolettes Oberlicht $s + d$, Arosa. Wolkenloser Himmel. Gesamte auf die Kadmiumzelle wirksame Strahlung.

	7,5°	10°	15°	20°	25°	30°	35°	40°	45°	50°	55°	60°	65°
Januar . . .		15,1	41,6	74,5	(127)								
Februar . . .			37,0	55,8	112	189	270						
März			39,9	76,2	122	180	238	306	395				
Mai			33,1	66,5	104	150	217	320	427	483	543	661	798
Juli/Aug. . .	12,0	21,1	49,7	86,3	129	188	253	316	387	474	554	637	
September . .			43,6	72,6	133	180	248	316	426	527			
Oktober . . .			40,3	76,1	121	182	254						
November . .			44,2	85,8	143								
Dezember . .		21,8	52,6	99,2	(163)								

Nach Tagesstunde veranschaulicht das Oberlicht und seine Komponenten für verschiedene Jahreszeiten die Abb. 26.

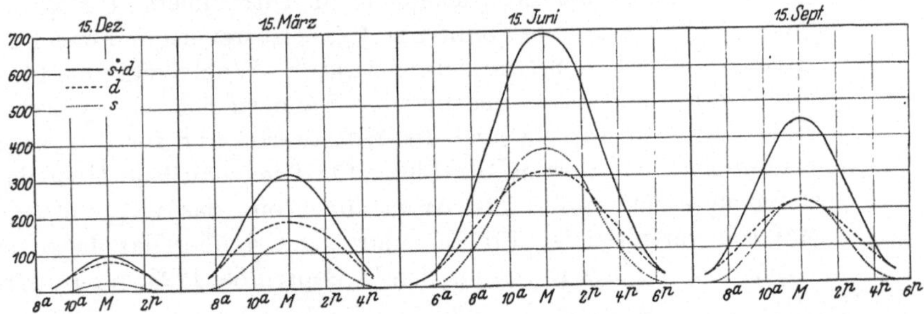

Abb. 26. Ultraviolettes Oberlicht Arosa: Himmelsanteil d und Sonnenanteil s an der Beleuchtung der Horizontalfläche $s + d$.

Bei leicht verschleiertem Himmel (Zirrus) ist eine Einbuße des Schattenlichts gegenüber den Werten bei wolkenlosem Himmel jedenfalls gering. Bei einem Halo am 18. Oktober 1923 ($S_{3-2}B_8$) fand sich bei 33° Sonnenhöhe das Himmelslicht auf 103% gesteigert, die Sonnenstrahlung auf 78% und dementsprechend das gesamte Oberlicht nur auf 92% gesenkt. Selbst bei vollkommen zuziehendem Himmel und tiefsinkender Wolkendecke direkt vor Schneefall ist am 8. Oktober 1923 bei 30—35° Sonnenhöhe noch ca. 90% des normalen Schattenlichts gefunden, also — die Sonnenkomponente fällt hier weg — gut die Hälfte des normalen Oberlichts.

4. Vorderlicht und Ortshelligkeit.

Praktisch wird vielfach mehr als das Oberlicht O ($s + d$) das Vorderlicht V, also die Beleuchtung der vertikalen Fläche interessieren, sei es im Hinblick auf den Aufenthalt im Freien oder auf die Beleuchtung unserer Innenräume. Dabei wird oft südliches ($V_\odot$), nördliches (V_n), westliches (V_w) und östliches (V_E) Vorderlicht so verstanden, daß Süd stets Richtung gegen Sonne ist; um Verwechslung mit einer Fläche zu vermeiden, die fest gegen Süden im üblichen Sinne des Wortes exponiert ist, wollen wir sprechen von Vorderlicht in Sonnenrichtung, Vorderlicht in Schattenrichtung und Vorderlicht in östlicher oder westlicher Mittelrichtung. Im Vorderlicht spricht vor allem auch die Art der Bodenbedeckung mit, während bei Vergleichsmessungen verschiedener Orte, die lediglich auf das Oberlicht abstellen, die Helligkeitsvermehrung durch die Schneedecke kaum zum Ausdruck gelangt. Im freien Terrain tritt dazu noch das Unterlicht U. Ich habe vorgeschlagen, zur Unterscheidung vom „Oberlicht" den Namen „Ortshelligkeit" L nur für die von allen Seiten einfallende Lichtmenge zu verwenden, in erster Annäherung erfaßbar durch

$$L = (O + U + V_s + V_n + V_E + V_w) : 6$$

$$= O \cdot \frac{1 + U/O + V_s/O + V_n/O + V_E/O + V_w/O}{6}$$

$$= O \cdot k.$$

Das relative Vorderlicht ist bezogen auf ein Oberlicht $O = 1$. In Tab. 50a geben wir das ultraviolette relative Vorderlicht zunächst für 2 Tage im freien Terrain in Innerarosa, den schneefreien 18. September 1924 und den noch ausreichend schneebedeckten 2. Mai 1924. Daraus ist abgeleitet die Verhältniszahl k für Ortshelligkeit : Oberlicht; dabei ist für Schneelage das relative Unterlicht (die Schneealbedo) = 1 gesetzt (vgl. Tab. 56).

Durch die Schneelage wird also die Ortshelligkeit auf das Doppelte gesteigert — bei hohem Sonnenstand etwas mehr, bei tieferem etwas weniger. Daß sich in diesen Zahlen im wesentlichen lediglich die Art der Bodenbedeckung ausspricht, mag Tab. 50b dartun; nach ihr führen zwei ganz verschiedene Höhenlagen, das maiengrüne Chur und der noch schneebedeckte Hörnligrat genau zum selben Ergebnis.

Endlich seien noch in Tab. 50c die k-Werte einer Mulde am Südhang des Tschuggen gegeben; erwartungsgemäß ist hier die Steigerung der Ortshelligkeit durch die Schneelage noch etwas größer (übrigens sind am schneefreien 31. Mai 1924 an den entfernteren Bergen natürlich noch größere weiße Flecken notiert).

Tabelle 50a. **Ultraviolettes relatives Vorderlicht (Oberlicht = 1), Arosa.**
K = Ortshelligkeit : Oberlicht.

	15°	20°	25°	30°	35°	40°	45°	50°	55°	60°
Arosa, schneefrei, 18. Sept. 1924:										
Richtung Sonne	0,83	1,04	1,06	1,05	0,98	0,92	0,81	0,72		
Richtung Schatten . . .	0,51	0,41	0,34	0,29	0,26	0,22	0,19	0,16		
Zwischenlage West . . .	0,33	0,32	0,29	0,25	0,23	0,21	0,19	0,17		
Zwischenlage Ost	0,34	0,31	0,27	0,25	0,24	0,23	0,22	0,20		
K (18. Sept.) . . .	0,51	0,52	0,51	0,49	0,46	0,44	0,41	0,39		
Arosa, Schneelage, 2. Mai 1924:										
Richtung Sonne		1,34	1,52	1,51	1,37	1,27	1,17	1,10	1,03	0,97
Richtung Schatten . . .		0,70	0,77	0,76	0,70	0,63	0,58	0,58	0,55	0,54
Zwischenlage West, Ost . .		0,79	0,80	0,79	0,75	0,68	0,64	0,65	0,62	0,61
K (2. Mai)		0,94	0,98	0,97	0,93	0,88	0,84	0,83	0,80	0,79

$$\frac{K \text{ (2. Mai)}}{K \text{ (18. Sept.)}} = \qquad 1{,}79 \quad 1{,}94 \quad 2{,}01 \quad 2{,}00 \quad 1{,}98 \quad 2{,}02 \quad 2{,}14$$

Tabelle 50b. **Ultraviolettes relatives Vorderlicht Chur und Hörnligrat.**
K = Ortshelligkeit : Oberlicht.

	15°	20°	25°	30°	35°	40°	45°	50°	55°	60°
Chur, schneefrei, 13. Mai 1924. Höhenlage 600 m.										
Richtung Sonne		0,94	1,02	0,99	0,89	0,80	0,72	0,66	0,60	0,54
Richtung Schatten . . .		0,39	0,37	0,31	0,26	0,23	0,22	0,20	0,20	0,19
Zwischenlage West, Ost .		0,39	0,39	0,34	0,29	0,27	0,25	0,24	0,23	0,22
K (Chur)		0,53	0,54	0,51	0,47	0,44	0,42	0,40	0,39	0,37
Hörnligrat, Schneelage, 15. Mai 1924. Höhenlage 2500 m.										
Richtung Sonne		1,58	1,75	1,71	1,55	1,41	1,31	1,22	1,11	1,09
Richtung Schatten . . .		0,69	0,77	0,76	0,68	0,65	0,69	0,73	0,71	0,73
Zwischenlage West, Ost .		0,74	0,84	0,84	0,75	0,70	0,70	0,68	0,67	0,69
K (Hörnligrat) . .		0,96	1,03	1,02	0,96	0,91	0,90	0,89	0,87	0,87

$$\frac{K \text{ (Hörnligrat)}}{K \text{ (Chur)}} = \qquad 1{,}81 \quad 1{,}91 \quad 2{,}02 \quad 2{,}05 \quad 2{,}07 \quad 2{,}16 \quad 2{,}20 \quad 2{,}22 \quad 2{,}32$$

Tabelle 50c.
Ultraviolette Ortshelligkeit : Oberlicht in einer Südhangmulde, Arosa.

	15°	20°	25°	30°	35°	40°	45°	50°	55°	60°	65°
Schneefrei, 31. Mai 1924 . .		0,52	0,51	0,49	0,46	0,43	0,40	0,38	0,36	0,34	0,32
Schneelage, 22. Februar 1924		0,99	1,04	1,06							

$$\frac{K \text{ (Schneelage)}}{K \text{ (Schneefrei)}} = \qquad 1{,}90 \quad 2{,}06 \quad 2{,}18$$

Behufs Vergleich mit dem sichtbaren Licht bringen wir in diesem Kapitel zum Schluß in Tab. 51 etliche Helligkeitsmessungen des relativen

Tabelle 51a.
Relatives Vorderlicht Arosa für Tageslicht. Wolkenloser Himmel.

	10°	15°	20°	25°	30°	35°	40°	45°	50°	55°	60°	65°
Vorderlicht in Sonnenrichtung:												
Schneefrei:												
1. Juli 1922		4,41	3,73	3,06	2,48	1,95	1,48	1,16	0,96	0,82	0,70	0,60
Übergangsstufen:												
16. Okt. 1922				2,88	2,57							
8. Mai 1922	(7,10)	4,99	3,87	3,22	2,68	2,23	1,88	1,58	1,32	1,13	0,98	(0,89)
Schneelage:												
22. Nov. 1922	(7,80)	5,40	3,94	(2,90)								
6. Dez. 1923		4,45	3,30									
12. Jan. 1924			(3,52)									
21. Febr. 1924				[2,77¹)]								
Vorderlicht in Schattenrichtung:												
Schneefrei:												
1. Juli 1922	0,33	0,28	0,23	0,19	0,15	0,12	0,11	0,10	0,09	0,09	0,08	0,08
Übergangsstufen:												
16. Okt. 1922				0,19	0,16							
8. Mai 1922	(0,62)	0,53	0,45	0,41	0,38	0,35	0,33	0,32	0,30	0,30	0,30	(0,29)
Schneelage:												
22. Nov. 1922		1,22	1,04									
6. Dez. 1923		1,02	0,84									
21. Febr. 1924				0,86	0,76							
Vorderlicht in westlicher Zwischenrichtung:												
Schneefrei:												
1. Juli 1922		0,23	0,21	0,19	0,17	0,14	0,13	0,12	0,11	0,10	0,10	0,10
Übergangsstufen:												
16. Okt. 1922			(0,22)	0,21	0,20	(0,19)						
8. Mai 1922		0,30	0,35	0,37	0,40	0,40	0,40	0,40	0,41	0,40	0,34	
Schneelage												
22. Nov. 1922		0,79										
6. Dez. 1923		0,69										
Vorderlicht in östlicher Zwischenrichtung:												
Schneefrei:												
1. Juli 1922		0,29	0,24	0,22	0,20	0,18	0,15	0,13	0,11	0,10	0,09	0,09
Übergangsstufen:												
16. Okt. 1922			(0,20)	0,17	0,14							
8. Mai 1922	(0,89)	0,75	0,60	0,51	0,43	0,40	0,38	0,36	0,33	0,30	0,27	
Schneelage:												
22. Nov. 1922		0,88	0,67									
6. Dez. 1923		0,58										

¹) Boden bedeutend mehr beschattet als besonnt.

Tabelle 51b. Ortshelligkeit: Oberlicht Arosa für Tageslicht.

						K						
	10°	15°	20°	25°	30°	35°	40°	45°	50°	55°	60°	65°
Schneefrei:												
1. Juli 1922	1,40	1,05	0,91	0,79	0,68	0,58	0,49	0,43	0,39	0,36	0,34	0,32
Übergangsstufen:												
16. Okt. 1922				0,75	0,69							
8. Mai 1922	1,82	1,43	1,21	1,09	0,98	0,90	0,83	0,78	0,73	0,69	0,65	0,63
Schneelage:												
22. Nov. 1922		1,72	1,38									
6. Dez. 1923		1,46										

Vorderlichts unter, die mit dem WEBERschen Relativphotometer (3)
ausgeführt sind. Im Ultraviolett ist im Vergleich zum sichtbaren Licht
das relative Vorderlicht bemerkenswert ausgeglichen; so ergibt sich für
das südliche Vorderlicht:

	h	Rot	Weiß	Blau	U.V.
21. Febr. 1924	23,4°	—	2,94	2,59	1,49
22. Febr. 1924 (in Mulde) .	30°	2,52	—	2,11	1,47

Die Werte von Tab. 51 sind — worauf später noch zurückzukommen
ist — auf dem Aufbau über dem Dach des Sanatorium Arosa gewonnen;
im tiefen Winter liegt von hier aus in Richtung Süden der große, beschattete Nordhang des Schafrücken, und der Schneereflex vom unmittelbaren Vordergrund kommt in den Messungen nicht zur Geltung;
wenn so beispielsweise am 12. Januar 1924 um Mittagszeit ($h = 21,5°$)
das südliche Vorderlicht statt vom Aufbau vom tieferen schneebedeckten
Plattdach aus gemessen wurde, stiegen die Zahlen um 8% (Rot 6%,
Blau 10%). Für die Übergangsstufen zwischen Schneelage und schnee-
frei der Tab. 51 sei noch bemerkt, daß am 16. Oktober 1922 Schnee
nur in höheren Lagen war; dagegen am 8. Mai 1922 zwar noch Schneelage
war, aber die steilen Südhänge des gegen Norden unmittelbar an-
steigenden dunklen Tschuggen frei waren.

VI. Dauermessungen der Tageshelle nach photochemischer Wirksamkeit.

1. Meßmethode.

Die erste umfangreiche Bearbeitung des Lichtklimas des Hochgebirges nach photometrischer Wirksamkeit stammt von E. RÜBEL,
der auf dem Berninahospiz nach der BUNSEN-WIESNERschen Methode
maß. Durch Anschluß an die Arbeitsgemeinschaft von reichlich zwei
Dutzend Observatorien Europas, die DORNO zur Messung der Tageshelle (Oberlicht) organisierte, war als Methode für meine Messungen

ohne weiteres das einfache, von Dorno noch mit einem Milchglas vervollständigte Graukeilphotometer nach Eder-Hecht gegeben. Dieses ist im wesentlichen ein sog. optischer Keil, ein lichtabsorbierendes Medium mit in der Längsrichtung des Keils stetig zunehmender Dichte; je nach der größeren oder kleineren Lichtwirkung wird die Schwärzung eines unter dem Keil befindlichen photographischen Papiers mehr oder weniger weit in der Längsrichtung vordringen; die letzte Einwirkung, abgelesen als Skalengrad einer mitaufkopierten Skala, gibt nach einer mitgelieferten Tabelle die relative Intensität. Der Eder-Hecht Graukeil besteht aus grauschwarzer Gelatine; meinem Vorschlag entsprechende Verwendung von aus Neutralglas geschliffenen Keilen (Zeiss) oder wenigstens photographischen Keilkopien — wie beides in der Astronomie längst üblich ist — hätte sicherlich das Hauptübel der Parallelmessungen vermieden, die gewaltige Durchlässigkeitsänderung der Keile.

Über die von der Arbeitsgemeinschaft beigebrachten Erfahrungen und die Ergebnisse eines Beobachtungsjahres muß auf den Bericht von Dorno (5) verwiesen werden; die von Arosa beigebrachten Beiträge zur Methode bringt vor allem Seite 85 bis Mitte 86 der Dorno schen Veröffentlichung: Aufgedeckt und genau untersucht wurde der enorme Fehlereinfluß einer Vor- oder Nachbelichtung der photographischen Streifen, sowie die Abweichung vom Reziprozitätsgesetz. Bunsen und Roscoe fanden letzteres bekanntlich für ein bestimmtes Chlorsilberpapier gültig — d. h. gleiche Schwärzung für verschiedene Werte der Lichtstärke i und der Belichtungszeit t, wenn nur das Produkt $i \cdot t$ konstant bleibt; dies gilt also beim vorliegenden Papier nicht, jedenfalls nicht für den hier maßgebenden Schwellenwert der Schwärzung. Bei längerer Belichtungsdauer wird man für photographisches Papier wie für die Platte das Reziprozitätsgesetz $i \cdot t$ ersetzen dürfen durch das Schwarzschild sche Gesetz $i \cdot t^p$, dessen Bedeutung überhaupt weit hinüberreichen dürfte in das Gebiet physiologischer Vorgänge; freilich ist auch das Schwarzschild sche Gesetz der photographischen Platte nur ein Näherungsgesetz für längere Belichtungszeiten, für Belichtungszeiten von der Größenordnung einer Sekunde ist p nicht mehr konstant (Götz [8]). Der für den unfixierten Streifen des Graukeilphotometers festgestellte Wert $p = 0,79$ entspricht gut denjenigen photographischer Platten; für den fixierten Streifen ist der p-Wert — 0,91 — exakt genommen ein Unding, denn er wird vorgetäuscht durch den für verschiedene Skalenteile verschieden starken Rückgang der Skalengrade im Fixierbad; beides sollte um so weniger vermengt werden, als je nach Verwendung von frischem oder ganz altem Fixierbad Unterschiede bis gegen 100% in die Werte hereinkommen können. Für Tonfixierbad Agfa, gebraucht und von mittlerer Konzentration, fand ich aus über

2000 Streifen folgenden Rückgang (1 Skalengrad bedeutet ungefähr 7% an Intensität):

Rückgang der Skalengrade im Fixierbad

Skalengr. der fix. Str. . .	11—20	21—30	31—40	41—50	51—60
Relat. Lichtmengen . . .	1—2	2—4	4—8	9—17	18—34
Rückgang im Skalengr. .	29,6	27,2	24,6	22,5	20,3
Anzahl der Streifen . . .	(10)	(19)	(33)	(44)	(113)

Skalengr. der fix. Str. . .	61—70	71—80	81—90	91—100	101—110
Relat. Lichtmengen . . .	35—69	70—141	142—284	285—574	575—1159
Rückgang in Skalengr. . .	18,8	18,0	16,3	14,5	12,5
Anzahl der Streifen . . .	(248)	(502)	(798)	(334)	(2)

Will man auf die Vorteile eines Fixierens der Streifen nicht verzichten, so müßte bei einigermaßen strengeren Ansprüchen nach einer solchen Tabelle wieder auf unfixiert umgerechnet werden; dann erst wäre auf Grund von SCHWARZSCHILDS Gesetz die Korrektur auf einheitliche Belichtungszeit anzubringen, falls man eine solche nicht stets einhalten kann — für die Dauerlichtmessungen war dies aus anderem Grund von Anfang an annähernd erfüllt, da im Winter der Streifen ganztägig exponiert, im Sommer um Mittag gewechselt wurde. Wechselt man zur Ableitung des Tagesganges stündlich, so gibt sich die Tagessumme bedeutend größer als die der Dauerexposition, und es sind dann die Stundenwerte durch Multiplikation mit einem Faktor auf die Summe bei normaler Dauerexposition zu reduzieren. Die hier mitgeteilten Resultate sind zwecks Einheitlichkeit mit denjenigen der Arbeitsgemeinschaft übrigens nicht auf unfixiert reduziert; bei den großen Unterschieden der Lichtsummen verschiedener Orte können ja auch große Zugeständnisse an die Meßgenauigkeit gemacht werden.

Bekanntlich mißt man mit den photographischen Methoden (soweit man nicht besondere Vorkehrungen trifft) nicht physiologisch auf das Auge wirksames, weißes Licht, sondern blauviolettes. Mit Hilfe eines der Sonne nachzuführenden großen Tubus läßt sich mit dem Graukeilphotometer statt Oberlicht natürlich auch das Sonnenlicht messen; ein gelegentlicher solcher Versuch im April 1923 ergab als Transmissionskoeffizienten (zenithale Luftmasse über Arosa = 1) 0,70; demnach könnte der optische Schwerpunkt etwas über der Wellenlänge 390 $\mu\mu$ liegen.

Die Oberlichtmessungen von $3^1/_2$ lückenlosen Jahren sind Herrn DORNO eingesandt, davon ist das Beobachtungsjahr April 1923 bis März 1924 veröffentlicht (DORNO [5]); erfreulicherweise scheinen sich gerade für diesen Zeitraum die Apparatkonstanten (Durchlässigkeit) einigermaßen gehalten zu haben, für den 1. April 1923 finde ich für wolkenlosen Himmel dieselbe relative Tageslichtmenge 760 wie für den

1. April 1924. So sind im folgenden alle Ergebnisse auf dieses Beobachtungsjahr reduziert.

2. Das Oberlicht.

Zunächst seien in Tab. 52 die stündlichen Lichtsummen gegeben, die der Horizontalebene in Arosa an einem wolkenlosen Tage zuteil werden, deren Tagessummen geben zugleich genügenden Überblick über den Jahresverlauf. Die Stundenwerte sind unausgeglichene Einzelwerte und machen natürlich auf Genauigkeit in keiner Weise denselben Anspruch, wie so viele andere unserer Tabellen.

Tabelle 52. Oberlichtsummen für wolkenlosen Himmel, Arosa.
Gemessen mit Graukeilphotometer.

	4^{a}-5	5-6	6-7	7-8	8-9	9-10	10-11	11-12	12-1	1-2	2-3	3-4	4-5	5-6	6-7	7-8^{p}	Tag
19. Januar . .				2	11	22	37	43	41	31	28	10	2				227
22. Januar . .				2	17	27	33	41	43	35	26	11	2				236
25. Februar . .				11	29	43	56	70	69	59	49	32	13				431
16./17. März .			6	28	45	67	74	(90)	88	85	63	47	25	7			625
15. April . . .																	892
7. Mai	1	11	29	49	76	96	102	129	125	98	88	82	52	31	10	2	981
28. Juni. . . .	6	17	46	60	84	96	121	132									1125
21. Juli	3	17	35	56	109	123	(101)	(125)									1139
14. August . .									111	104	98	73	52	26	7		942
8. September .			11	32	53	72	93	98	103	94	71	64	33	11			736
15. Oktober . .				19	44	67	74	88	85	70	55	39	14				555
13. November .				4	14	37	49	53	58	44	34	18	4				314
24. November .					9	27	38	42	48	39	34	12					249
6. Dezember .				1	9	22	31	40	44	35	25	10	1				218
Minimum Dez.																	192
Jahr																	244 200

Von Vergleichsmessungen bei wolkenlosem Himmel in verschiedener Höhenlage sei kurz erwähnt: Am 7. August 1924 vormittags wurde auf dem Rothorn (3000 m), am 11. August in Chur (600 m) gemessen, gleichzeitig je auch in Arosa; bei ca. 30° Sonnenhöhe fand sich auf dem Rothorn 16%, in Arosa 11% stärkeres Oberlicht als in Chur. Der Hauptunterschied des Oberlichts der Höhe und der Niederung wird nicht durch wolkenlose Tage bedingt, sondern durch die durchschnittliche Bewölkung; und da bieten nun die mit Graukeilphotometer dauernd und bei jeder Witterung registrierten Summen eine schöne Ergänzung der Strahlungsmessungen der früheren Kapitel.

Tab. 53 gibt die in Arosa gefundenen Monatssummen in Prozenten der bei stets wolkenlosem Himmel möglichen Werte; beigefügt ist die Sonnenscheindauer ⊙ in Prozenten der möglichen, und die durchschnittliche Bewölkung B; mit Dezember 1921 beginnt nach der langen

Schönwetterperiode 1921 bekanntlich eine nicht gerade sonnenscheinreiche Zeit.

Tabelle 53. Monatliche Lichtsummen in Prozenten der bei stets wolkenlosem Himmel möglichen Werte, Arosa. Mit prozentualer Sonnenscheindauer und Bewölkung.

	1921			1922			1923			1924			1925		
		$\odot$ %	B 0–10		$\odot$ %	B		$\odot$ %	B		$\odot$ %	B		$\odot$ %	B
Jan.				89	38	5,8	77	29	7,0	90	56	5,2	85	61	4,0
Febr.				88	47	4,8	79	37	6,5	86	57	5,8	71	50	5,9
März				79	37	6,0	78	53	5,4	81	52	5,7	75	32	7,3
April				84	31	6,8	83	41	6,6	77	37	7,4			
Mai				88	57	4,0	78	56	5,8	75	46	6,4			
Juni				59	34	6,5	58	23	7,9	61	40	6,4			
Juli				66	48	5,6	(80)	63	5,4	69	50	5,9			
August				70	58	4,8	79	65	4,5	62	39	7,2			
Sept.				67	31	7,3	75	51	5,9	73	56	5,7			
Oktob.				59	31	6,9	70	41	6,4	82	59	4,1			
Nov.	88	62	3,5	76	52	4,9	82	44	6,5	86	57	3,8			
Dez.	83	45	5,5	76	34	5,7	72	26	7,4	87	60	3,5			

Eine Sonnenscheindauer von 50%, bzw. Bewölkung 5, läßt also folgende prozentualen Lichtsummen zu

	bei 50% $\odot$	bei B 5,0
Winter . . .	85%	86%
Frühjahr . .	82%	83%
Sommer . .	68%	72%
Herbst . . .	77%	78%

Nach Jahreslichtsumme ergab

1922   73%   1923   75%   1924   73%

Ein Normaljahr gäbe ca. 76%; die Bewölkung drückt in Arosa den Lichtgenuß also nur auf $^3/_4$ des bei dauernd wolkenlosem Himmel überhaupt möglichen. Die Einzeltage seien noch daraufhin angesehen, wie in Arosa schwerste Bewölkung — also B_{10} ohne den geringsten Sonnenblick mit Sonnenscheindauer 0,0 — die Lichtsummen zu drücken vermag; es ergibt sich für solche Tage durchschnittlich — im einzelnen unterliegen die Werte natürlich großen Schwankungen — ein Absinken im Winter auf 61%, im Frühjahr auf 54%, im Sommer auf 30% und im Herbst auf 45%. Die lichteste Wolkendecke hat also der Winter, der im Hochgebirge keine dunklen Tage mehr kennt, und in diesem Ausgleich liegt der große Unterschied des Hochgebirges zum Flachland. Verglichen mit Zürich hat Arosa im Winter fast dreimal so reichlichen Lichtgenuß, im Sommer dagegen nur gut $^1/_3$ mehr. So sind denn in den Vergleichsresultaten der Arbeitsgemeinschaft [Dorno (5)] die Lichtsummen für den lichtschwächsten Tag jedes Monats ganz besonders charakteristisch; es sei gestattet, den folgenden Auszug zu entnehmen:

Ort	Höhe	Ungefähre Breite	April 23	Juni 23	Aug. 23	Okt. 23	Dez. 23	Febr. 24
Capri		40° 33′	78	571	310	174	19	36
Agra	546	45° 48′	73	84	81	51	51	63
Arosa	1860	46° 47′	436	204	243	147	84	77
Davos	1600	46° 48′	407	207	337	169	(48)	79
Zürich	430	47° 20′	—	168	136	51	19	18
Zugspitze	2963	47° 28′	—	—	192	48	55	103
Feldberg (Schwarzw.)	1450	47° 52′	129	58	70	22	22	44
München	511	48° 15′	141	111	180	67	14	29
Karlsruhe	116	49° 0′	135	89	99	31	7	17
Frankfurt a. M. . .	100	50° 10′	—	78	123	29	6	31
Taunus	820	50° 15′	—	86	106	18	11	17
Schreiberhau . . .	700	50° 50′	84	63	141	41	18	36
Dresden.	110	51° 3′	53	83	192	57	10	42
Königsberg		54° 35′	91	117	91	20	6	6
Riga		56° 57′	83	135	109	29	11	17

Im Hochgebirge fällt der dunkelste Tag des Jahres, wie der Aroser 6. Februar 1924 mit Lichtmenge 77, auf dichten Schneefall; durch gleichzeitige Kontrollmessung von Vorder- und Unterlicht sind aber auch für diesen Fall die Aroser Angaben zuverlässig gesichert. Die Gunst der Lichtverteilung im Hochgebirge mag schwerlich besser gekennzeichnet werden als durch die Zusammenstellung, um das wievielfache der lichtreichste Tag des Jahres den dunkelsten übertrifft (DORNO [5]):

Arosa	15	München	54	Karlsruhe . . .	91
Zugspitze	16	Stolzalpe	59	Frankfurt a. M. .	109
Davos.	25	Dresden.	61	Zürich	115
Schreiberhau. . .	29	Riga	64	Königsberg . . .	158
Feldberg(Schwarzw.)	33	Capri	72	Modena	192
Agra	50	Taunus	80	Cuxhaven . . .	219

Stellte man statt auf Oberlicht auf Ortshelligkeit ab, so würden sich die „wahrhaft erschreckenden" Extreme verschiedener Orte von 219 : 15 wegen der Schneelage sogar noch fast verdoppeln.

3. Das südliche Vorderlicht.

Nach Oberlicht gemessen wäre — bei aller Bevorzung gegen Tieflandsverhältnisse — in Arosa ein Tag im Dezember gegenüber dem Hochsommer immer noch wie etwa 1 : 6 zurückgesetzt; in Wirklichkeit sind, worauf wir eben hinwiesen, die Verhältnisse noch weit ausgeglichener. Für die Tagesbeleuchtung unserer Südzimmer, für den Ruhebedürftigen, der den Großteil des Tages in gedeckter Liegehalle verbringt, interessiert vor allem das „südliche Vorderlicht", also die Beleuchtung einer nach Süden orientierten Fläche. Tab. 54 gibt die Tageswerte des südlichen Vorderlichts für verschiedene, durch die prozentuale Sonnenscheindauer charakterisierte Witterung; und zwar relatives südliches Vorderlicht, also bezogen auf Oberlicht = 1. Natürlich spricht

Tabelle 54. Relatives südliches Vorderlicht für verschiedenen Witterungscharakter, Arosa. (Oberlicht = 1.)

Sonnenscheindauer in %: Also Witterung:	0—25% Bedeckt	26—50% Bewölkt	51—75% Leicht bewölkt	76—100% Klar
Januar	1,04	1,54	2,02	1,94
Februar	1,04	1,48	1,68	1,80
März	1,02	1,23	1,34	1,30
April	0,74	0,89	0,81	0,96
Mai	0,65	0,59	0,65	0,60
Juni	0,51	0,44	0,43	**0,42**
Juli	0,50	0,46	0,42	0,42
August	0,45	0,54	0,67	0,68
September	0,65	0,72	0,84	0,99
Oktober	0,74	1,01	1,06	1,02
November	0,80	1,75	2,08	2,13
Dezember	1,01	1,82	2,50	**2,56**

aus den Zahlen stark der Sommer und Winter so verschiedene Einfallswinkel der Sonnenstrahlen. Nach der Tabelle wird das südliche Vorderlicht gegenüber dem Oberlicht vom Sommer zum Winter wie 0,42 : 2,56 ausgeglichen, das ist nun gerade das Verhältnis 1 : 6. Durch ein Aroser Südfenster fällt also während eines klaren Tages im tiefsten Winter dieselbe Lichtmenge wie im Hochsommer, trotz der verschiedenen Tagesdauer. Man möchte sagen, daß die hiesige Höhenlage eine dunklere Jahreszeit überhaupt nicht mehr kennt; auch in den Monatssummen des südlichen Vorderlichts, also bei durchschnittlicher Bewölkung, ist der Unterschied zwischen Winter und Sommer gar nicht mehr groß.

In der Periode April 1922 bis März 1923 sind folgende Verhältniszahlen der Monatssumme des südlichen Vorderlichts zum Oberlicht gefunden:

1922: April Mai Juni Juli Aug. Sept. Okt. Nov. Dez. 1923: Jan. Febr. März
    0,81 0,65 0,45 0,44 0,61 0,78 0,90 1,71 1,67   1,38 1,50 1,27

Die Jahressumme des südlichen Vorderlichts betrug in Arosa in diesem Jahr 85% des Oberlichts. Mit andern Orten ergibt sich folgende Zusammenstellung für das relative südliche Vorderlicht:

	Winter	Frühjahr	Sommer	Herbst
Arosa	1,52	0,91	0,50	1,13
Agra	1,02	0,62	0,49	0,93
Friedrichshafen	1,09	0,79	0,62	1,02
Karlsruhe (Peppler) . .	1,00	0,67	0,52	0,79

Aus den Friedrichshafener Werten (Prof. KLEINSCHMIDT) spricht der Seereflex des Bodensees, aus den winterlichen Zahlen des Hochgebirges der Schneereflex. Größere Unterschiede als in der in diesen Zahlen gegebenen Lichtverteilung bestehen dann natürlich in den Südlichtwerten selbst. Verglichen mit Davos liegen die Aroser Südlichtsummen durchschnittlich 20% höher — im Sommer mehr, im Winter weniger; dies liegt offenbar an der mehr städtischen Bebauung von Davos, im südlichen Gesichtsfeld des Davoser Observatoriums liegt die graue Rückwand des Sanatorium Turban. In Arosa war das Photometer für südliches Vorderlicht hoch über dem Erdboden am Aufbau angebracht, so daß der Reflex einer unmittelbar vorliegenden Bodenschicht wegfällt; wie zahlreiche Vergleichsmessungen mit einem im freien Terrain aufgestellten Lichtmesser zeigten, wären bei solcher Aufstellung die südlichen Vorderlichtwerte in Arosa bei Schneelage sogar noch reichlich 10% höher als mitgeteilt (vgl. Seite 76). Auf Wunsch von Prof. DORNO wurden bei dieser Sachlage auch noch Vergleichsmessungen mit einer tieferen Aroser Ortslage angestellt (deren sich dankenswerterweise Herr Dr. HEINZ annahm); die Unterschiede im südlichen Vorderlicht betrugen durchschnittlich nur wenige Prozent. Maß man das Südlicht im Sommer in einer Wiese, so ergaben sich naturgemäß geringere Werte als auf dem Aufbau.

Für das relative südliche Vorderlicht seien zum Schluß in Ergänzung von Tab. 52 noch die stündlichen Einzelwerte für eine Anzahl klarer Tage zusammengestellt:

Tabelle 55. Stündliche Werte des relativen südlichen Vorderlichtes, Arosa. Klarer Himmel.

Vormittag Nachmittag	4^a—5 7—8^p	5—6 6—7	6—7 5—6	7—8 4—5	8—9 3—4	9—10 2—3	10—11 1—2	11^a—12 12—1^p
22. Jan. 1923				$0,6^9$	$1,3^4$	$2,0^2$	$2,2^2$	$2,0^0$
25. Febr. 1922				$1,0^0$	$1,7^5$	$1,9^6$	$1,5^3$	$1,7^0$
16./17. März 1923 . . .			$0,7^1$	$1,2^5$	$1,4^8$	$1,5^4$	$1,5^8$	$1,4^8$
7. Mai 1922	$0,8^8$	$0,7^1$	$0,5^9$	$0,6^3$	$0,6^0$	$0,7^5$	$0,9^1$	$0,7^4$
28. Juni 1922	$0,3^8$	$0,3^2$	$0,2^0$	$0,2^0$	$0,2^1$	$0,3^1$	$0,4^3$	$0,4^3$
21. Juli 1922	$0,4^0$	$0,4^3$	$0,2^5$	$0,2^6$	$0,2^6$	$0,3^5$	$0,5^7$	$0,4^3$
14. Aug. 1923			$0,2^8$	$0,3^5$	$0,4^6$	$0,5^3$	$0,6^1$	$0,5^3$
8. Sept. 1923.			$0,3^2$	$0,4^4$	$0,5^8$	$0,6^4$	$0,6^4$	$0,8^6$
15. Okt. 1922			$0,5^3$	$0,8^7$	$1,2^8$	$1,3^3$	$1,3^7$	$1,3^3$
13. Nov. 1922				$0,5^5$	$1,5^9$	$1,9^0$	$2,0^3$	$1,9^6$

4. Das Unterlicht.

Zur Messung des Unterlichts, also der Beleuchtung der Horizontalfläche lediglich von unten, wurde das Photometer im freien Terrain hoch über einer Wiese am Südhang des Tschuggen exponiert; hierzu diente ein 7 m hoher Galgen, an dem das Photometer in entsprechender

Montierung (oben fester Anschlag) aufgezogen wurde. Mißt man am selben Ort noch das Oberlicht, so gibt das Verhältnis Unterlicht zu Oberlicht (relatives Unterlicht) die Rückstrahlungskraft, die Albedo des Bodens; man weiß diese — weil über die verschiedenen Strahlungsrichtungen integrierende — überaus einfache Albedomethode zu schätzen, wenn man sich der Schwierigkeiten erinnert, die etwa in der Astronomie [Götz (8)] das Beleuchtungsgesetz bereitet. Genau in derselben Weise, wie ich hier das Graukeilphotometer, verwandte A. ÅNGSTRÖM sein Pyranometer zur Messung der Erdbodenalbedo.

Tabelle 56. Erdbodenalbedo für Wiese in Arosa.

	Anzahl der Messungen	Albedo	Bemerkungen
1923 Dez. . . .	20	**1,00**	Schneelage
1924 Jan. . . .	7	0,99	Schneelage
März . . .	6	0,87	Schneelage
April . . .	9	0,81	Monatsende schneefreie Flecke
1. Mai . .		0,50	Schneeschmelze fortschreitend
3. ,, . .		0,32	Schneeschmelze fortschreitend
5. ,, . .		0,31	Schneeschmelze fortschreitend
11. ,, . .		**1,00**	Neuschnee
13. ,, . .		0,71	
17. ,, . .		0,10	
18. ,, . .		0,09	
19. ,, . .		0,08	
20. ,, . .		$0,07^5$	
21. ,, . .		$0,06^5$	
27. ,, . .		0,15	Etwas Neuschnee, schon früh abschmelzend
31. ,, . .		$0,07^5$	
Juni . . .	6	$0,05^3$	
August . .	3	$0,05^0$	
September	3	$0,06^0$	

Für Arosa mit seiner halbjährigen Schneedecke ist besonders die Reflexgröße des Schnees von Interesse, so ist auch der Mai als Übergangsmonat in der Tabelle besonders ausführlich wiedergegeben. Die Schneealbedo ist überraschend hoch gefunden; bedeutet 1,00 doch, daß das Licht vom Schnee vollkommen zurückgestrahlt würde, dieser also vollkommen „weiß" wäre. Die Angaben anderer Autoren, von denen schon ZÖLLNER zu nennen ist, lauten niedriger. Naheliegend ist die Erwägung, ob vielleicht gerade im photographisch zur Messung kommenden blauen Licht der Schnee besonders stark reflektiere, wie es ja auch WEBERS Deutung (DORNO [3]) jenes hübschen Versuches nahelegen könnte, der in einem bekannten Roman folgendermaßen beschrieben ist: „Manchmal stieß er das obere Ende seines Skistockes in den Schnee und sah zu, wie blaues Licht aus der Tiefe des Loches dem Stabe nachstürzte, wenn er ihn herauszog. Das machte ihm Spaß; er konnte lange stehenbleiben, um die kleine optische Erscheinung wieder und wieder zu erproben. Es war so ein eigentümliches zartes Berg- und Tiefenlicht, grünlichblau, eisklar und doch schattig, geheimnisvoll anziehend."

So wurde der Schneealbedo auch noch mit Lifa-Farbfiltern (Augsburg) nachgegangen; eine wesentliche Verschiedenheit der Schneealbedo verschiedener Spektralbereiche war jedoch bisher nicht nachzuweisen; ein Rotorangefilter ergab (mit Entwicklungspapier) Januar 1925 wieder dieselbe Albedo, wie Januar 1924 blauviolettes Licht. Die Versuche sollen noch an durchgelassenem statt reflektiertem Licht weitergeführt werden. Bei schwerem, feuchtem Schnee der Albedo 0,8 sind am 29. März 1924 20 cm unter der Oberfläche noch ca. 3,7%, in 42 cm noch 0,3% des Oberlichts gefunden.

Sehr schön ist im Frühjahr oft die Spiegelung großer Schneeflächen; in den Beobachtungsbüchern finden sich Bemerkungen wie „Nachmittags über Inner-Arosa märchenhafter Gletscherglanz" (27. März 1923), oder „Schöne, klare Beleuchtung, Schnee fast violett zu nennen, darüber der Silberglanz der schmelzenden Stellen" (14. April 1926).

VII. Ergänzende klimatologische Daten.

1. Das Abhangklima von Arosa.

Die allgemeinen Klimaelemente Arosas sind im Gesamtrahmen der schweizerischen Klimatologie eingehend von J. MAURER in dem großen Werk „Das Klima der Schweiz" behandelt. Das für Arosa Typische kann in Kürze wohl schwerlich besser herausgestellt werden, als wenn wir uns an die in diesem fundamentalen Werk gewählte Einteilung halten: Stationen des Hochtals, des Gehänges und Gipfelstationen. Schon BACH hat in seinem „Klima von Davos", sowie dann in einer ausgezeichneten, vorurteilsfreien Arbeit über „Klimatische Unterschiede zwischen Talboden und Gehänge im Hochgebirge und die Notwendigkeit ihrer Berücksichtigung durch den Arzt" durch den Vergleich zwischen Davos (Met. Station 1560 m) und der über Davos liegenden Schatzalp (1868 m) die Berechtigung nachgewiesen, von einem besonderen Typus innerhalb des Hochgebirgsklimas, dem „Abhangklima" zu sprechen. KNOLL hat ähnliche Züge für das Tessin herausgearbeitet, wobei er Locarno-Muralto als am meisten ähnlich mit Arosa bezeichnet.

Seine ganze Lage (vgl. Seite 4) macht Arosa in allen seinen Teilen voll zum Typus einer Hangstation. Die gegebene Vergleichsstation in typischer Hochtallage ist Davos; seine an der Promenade (Kurhaus) gelegene Meteorologische Station dürfte die Mitte halten zwischen der exzessiven Sohle des Landwassers und den erhöhten Lagen des Kurorts, die relativ zur Talsohle auch schon ihr Abhangklima haben, wenn ein solches typisch, und mit Arosa vergleichbar, dann auch erst in Schatz-alphöhe vorliegt. Der so ganz verschiedene Gang der meteorologischen Elemente auf so kurze Distanz gewährt zweifellos hohen Reiz, so daß man ihrer Darstellung nicht das Bestreben unterlegen sollte, benach-barte Kurorte gegeneinander auszuspielen, die beide Hochwertiges bieten und deren Eigenart einst ein mäßiger Tunneldurchstich in einen großen Rahmen fassen könnte. Beginnen wir mit dem dies-bezüglich unschuldigsten Zahlenmaterial:

a) Der Luftdruck. Der maximale Luftdruck innerhalb der 20 Jahre der Tabelle betrug 623,5, der minimale 583,4, was einer Amplitude der Höhenlage zwischen 1650 und 2200 m vergleichbar wäre. Ein volles Fünftel der Luftmasse liegt unterhalb Arosa, von wesentlicher Be-deutung für die Strahlungsintensitäten vor allem tieferer Sonnenstände, zumal sich die untersten Schichten uns ja auch als die getrübtesten zeigten („la vase atmosphérique").

Tabelle 57. Luftdruck Arosa (1901/20).

Jan.	Febr.	März	April	Mai	Juni	Juli	Aug.	Sept.	Okt.	Nov.	Dez.	Jahr
608,0	606,6	605,5	606,6	610,0	611,5	612,8	613,0	612,2	609,8	607,6	606,6	609,2

Der Jahresgang ist — trotz der geringeren Werte des Luftdrucks — in Arosa oder Schatzalp noch schärfer ausgeprägt wie in Davos; die Hangstation hat gegenüber der Talstation im Sommer einen zu hohen Luftdruck, im Winter einen zu tiefen. Auch ein Blick auf Tab. 30 legt ja nahe, daß die so verschiedene Oberflächengestaltung im Ge-birge — noch verstärkt durch Verschiedenheiten der Vegetation — Ursache wird zur Ausbildung lokaler Druckunterschiede. Damit im engen Zusammenhang, nur sinnfälliger und weit wichtiger sind die lokalen Strömungen.

b) Der Wind. Die geschützte Lage im Innern des rätischen Hoch-gebirges bringt es mit sich, daß die allgemeinen Windströmungen vor den durch die topographischen Verhältnissen bedingten Lokalwinden sehr zurücktreten. Für die prozentuale Häufigkeit der

Windrichtung

liefern meine Notizen März 1923 bis März 1925 für den Standort der Meteorologischen Station folgende Tabelle, in der Kalmen außer acht gelassen und auch schwache Winde gezählt sind:

Tabelle 58. Prozentuale Windverteilung, Arosa.

	8^a								$1\frac{1}{2}^p$								7^p							
	N	NE	E	SE	S	SW	W	NW	N	NE	E	SE	S	SW	W	NW	N	NE	E	SE	S	SW	W	NW
Winter. .	9	11	5	7	3	8	26	**31**	3	2	5	9	6	25	**34**	16	6	5	10	3	2	9	31	**34**
Frühjahr	1	5	7	16	10	21	**24**	16	7	3	12	12	13	**24**	18	11	7	14	7	19	7	9	12	**25**
Sommer .	1	0	9	**32**	15	19	14	10	8	3	12	**19**	18	18	10	12	**25**	9	14	11	5	9	7	20
Herbst. .	3	6	4	8	9	25	**33**	12	2	7	11	10	18	23	**25**	4	5	8	9	6	5	10	**30**	27

Aus allen Jahreszeiten spricht deutlich die Komponente des nächtlichen Bergwindes, in dem die durch nächtliche Wärmeausstrahlung erkalteten Luftmassen abfließen — dank der Hanglage ohne Stagnation —, während der tagsüber aufsteigende Talwind besonders im Sommer entwickelt ist. Übrigens zeigt ein Blick auf die sommerliche Windverteilung der Jahre 1891—1900 (MAURER, BILLWILLER u. HESS) für den Talwind *E* und *NE* auffällig bevorzugt gegenüber dem *SE* der Abb. 27; es dürfte dies durch die, obschon kleine Änderung des Standorts (vgl. Seite 5) bedingt sein. So weht auch in Inner-Arosa der Bergwind, die „Heiterluft", dem Gefälle entsprechend von West, an der meteorologischen Station mehr von Nordwest oder gar Nord. Es ist reizvoll, an Rauchfahnen den Wechsel von Berg- und Talwind, das genau wie bei Wasser dem natürlichen Gefälle und den tiefsten Einschnitten folgende Abfließen des Bergwindes zu verfolgen. Nehmen wir den Abend des 1. August 1924 als

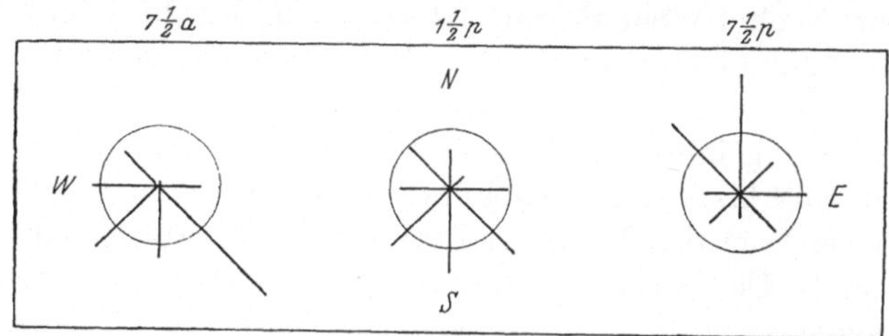

Abb. 27. Tagesgang der sommerlichen Windverteilung.

Beispiel: 6p 24 noch allgemein Talwind; 6p 46 Bergwind an der in Inner-Arosa unten über den Melchernen-Bach führenden Brücke, aber noch nicht weder an der diesseitigen höheren meteorologischen Station (Sanatorium Arosa), noch den jenseitigen wieder höheren Lagen von Inner-Arosa; dort zeigt sich dann das erste Anzeichen 6p 53 (Haus Heimeli); bei den Lagen unterhalb des Sanatoriums weht die Rauchfahne nun schon direkt vom Berg weg; 6p 57 zeigt die tiefere von 2 Rauchfahnen des Sanatoriums den Bergwind, die höhere noch nicht; 7p 0 wird nun auch diese ergriffen, und zwar zeigt zunächst die untere Hälfte Nord, also Bergwind, die obere Hälfte noch Talwind; 7p 01 zeigte dann die ganze Rauchfahne Bergwind. Übrigens entwickelte sich am Tage dieses Beispiels der Bergwind nicht; vermutlich im Zusammenhang damit, daß er erst zu recht später Tagesstunde einsetzte — wenigstens ist das Einsetzen an anderen Tagen stets ziemlich früher, wenn die Station noch in Sonne lag, notiert. Auch über das Einsetzen des Talwindes liegen nur spärliche Notizen vor. Am 3. Mai 1924 um 7a sowohl an der Station, wie tiefer im Tal, schon *E SE*; am 30. Mai 1925 um 7a an der Station ebenfalls wieder Talwind, tiefer unten im Tal dagegen noch Bergwind; am folgenden Tag an der Station 6a 35 bereits Talwind.

Am 5. Juni 1925 ist $4^a 57$ noch Bergwind notiert, $5^a 20$ — offenbar als Übergang — Windstille; Mitte November ist früh $8^1/_2{}^a$ im Tal noch Bergwind, der auch schon 3^p nachmittags den Talwind dann wieder ablöst. Es dürfte sich wohl empfehlen, den Abweichungen der Einzeltage von den mittleren Eintrittszeiten einige Beachtung zu schenken.

Erwartungsgemäß bestehen auch in der

Geschwindigkeit des Windes

große lokale Verschiedenheiten. Zur Messung der Windstärke diente längere Zeit das große Zählwerkanemometer Fueß 2358 der Meteorologischen Zentralanstalt Zürich, dessen Formel zu $v = 0,7 + 2,25\,n$ bestimmt wurde, sowie das Schalenkreuz-Taschenanemometer Fueß 9851 mit $v = 0,7 + 0,97\,n$ (v Windgeschwindigkeit in m/sec, n Anzahl der Umdrehungen pro Sekunde). Registriert wurde an 2 Orten; in der Hauptsache natürlich an der Meteorologischen Station auf dem Aufbau über dem Dach des Sanatorium Arosa; es muß wohl betont werden, daß sich das Anemometer 3,6 m über dem First, also nahezu 25 m über ebener Erde befand; die gegebenen Zahlen sind das Mittel zweier voller Beobachtungsjahre, 1923, sowie April 1924 bis März 1925. Außerdem wurde Juli 1924 bis August 1925 am Postplatz Arosa gemessen, 1,80 m über dem ebenen Dach des Hauses Madrisa — wobei aus äußeren Gründen die Wintermonate Dezember bis März ausgesetzt werden mußten. Die Beobachtungstermine der Einzelmessungen waren im Winter $8^1/_2{}^a$, $1^1/_2{}^p$, $6^1/_2{}^p$, im Sommer $7^1/_2{}^a$, $1^1/_2{}^p$, $7^1/_2{}^p$ (vgl. Seite 98). Die Tagesmittel beruhen auf der Gesamtrotation von Morgen zu Morgen. 1,8 m/sec entspricht

Tabelle 59. Windgeschwindigkeit in m/sec, Arosa.

	Jan.	Febr.	März	April	Mai	Juni	Juli	Aug.	Sept.	Okt.	Nov.	Dez.	Jahr
a) Meteorologische Station:													
8^a	1,4	1,8	1,6	1,5	2,0	1,6	1,7	1,6	1,7	1,9	1,7	1,5	1,7
$1^1/_2{}^p$	1,8	2,1	2,2	2,2	2,6	2,4	2,6	2,7	2,5	2,6	2,0	1,8	2,3
7^p	1,4	1,2	1,6	1,6	1,8	1,5	1,9	1,6	1,9	1,7	1,5	1,7	1,6
Tag	1,4	1,8	1,7	1,8	2,2	1,6	2,1	1,8	1,9	2,0	1,8	1,6	1,8
b) Postplatz:													
Tag	—	—	—	1,4	1,3	1,3	1,4	1,3	1,3	1,3	1,3	—	1,3

der Stufe 1—2 der zwölfteiligen BEAUFORT-Skala, ist also sehr leichter Wind (HANN-SÜRING). Zürich meldet als Jahresmittel 2,2 m pro Sekunde, der Säntis 6 m pro Sekunde[1]), Berlin 4,5, Borkum (HELLMANN [1]) — mit dem Maximum im Winter — 7,8, Agra 1,5, St. Blasien (BAUR [2]) — freilich ist dort direkt über dem Boden gemessen — 1,2. Denselben Wert gibt DORNO (6) für den windgeschütztesten (DORNO [2]) Teil des Davoser Tals in Davos-Platz; sehr auffällig sind die niedrigen

---

[1]) Annalen der Schweiz. Meteorologischen Zentralanstalt, 1889 und folgende.

Morgenwerte in Davos [Jahresmittel 0,5 m/sec; November 0,1 (?) m/sec], die stagnierende Luft der Hochtallage gegenüber der ausgleichenden des Gehänges. Den Aroser Talabschluß umgeben die höchsten Berge des Tales und er sammelt deren Bergwinde, so dürfte sich die größere Windstärke Inner-Arosas gegenüber dem größeren Teil des Ortes erklären, der — angelehnt an die bewaldete Kuppe des Tschuggen — bedeutende Rückendeckung hat. Die Nachmittagswerte der wärmeren Monate sind mit ca. 2,5 m pro Sekunde in Davos dieselben wie in Inner-Arosa, gut passend zu dem Umstand, daß der Davoser Talwind eigentlich der über die St. Wolfganger Schwelle herüberwehende des Prättigaus ist. Das Engadin hat in seinem bekannten sommerlichen „Maloja" ganz andere Geschwindigkeiten des Talwindes. In Maloja-Kulm fand ich schon am Vormittag eines dazu noch bedeckten Junitages mit keinesfalls vollentwickeltem Bergellwind 6 m pro Sekunde; BILLWILLER (MAURER, BILLWILLER und HESS) gibt für einige Stichproben zwischen Silser- und Silvaplanersee für die Mittagstunden des August Geschwindigkeiten über 8 m pro Sekunde; in Beobachtungsreihen auf Muottas Muraigl — wo zudem noch, wie im obersten Bergell, eine stark vertikale Komponente berücksichtigt werden müßte — ist 10 m pro Sekunde keine Seltenheit.

Solche Stärkegrade erreicht der Talwind in Arosa auch nicht entfernt, sie finden sich höchstens in den Monatsmaxima, deren höhere Werte stets zurückgehen auf die allgemeine Luftdruckverteilung. Sehr selten ist Bise mit Schneetreiben; fast alle Monatsmaxima fallen auf Föhn. Ein eindrucksvoller Vorbote des Föhn ist oft das Schneetreiben auf den Berggräten, auch eine Art „Föhnmauer" über der Rothornkette. Im inneren Arosa scheint der Föhn am stärksten zur Wirkung zu kommen; das durchschnittliche Monatsmaximum der Terminablesungen für Föhn ist 6,5 m pro Sekunde. Einen überaus starken Föhnsturm brachte die Nacht des 21. Oktober 1923 mit durchschnittlich 7 m pro Sekunde und maximalen Stößen bis zu 18 m pro Sekunde, also Stärke 9 der zwölfteiligen Skala. Ein einzelner solcher Tag erhöht natürlich das Mittel des ganzen Monats bedeutend.

c) Temperatur. Tab. 60 gibt die Temperaturmittel der Jahre 1891 bis 1920. Vergleichsweise beträgt das Normalmittel für Davos (1867 bis 1920) Januar — 7,2°, Juni 11,9°. Die Morgentemperatur des Januar beträgt in Davos (1891—1920) — 9,7° gegenüber — 6,0° in Arosa,

Tabelle 60. Lufttemperatur Arosa (1891—1920).

	Jan.	Febr.	März	April	Mai	Juni	Juli	Aug.	Sept.	Okt.	Nov.	Dez.	Jahr
7ª 30 . .	—6,0	—6,0	—4,0	—0,1	4,8	8,4	10,0	9,5	6,9	2,4	—1,6	—4,1	1,7
1ᵖ 30 . .	—2,4	—1,5	0,9	3,9	8,5	11,9	13,8	13,9	11,4	7,3	2,4	—0,9	5,8
9ᵖ 30 . .	—5,7	—5,3	—3,4	—0,2	4,3	7,6	9,4	9,5	6,9	3,1	—1,2	—3,9	1,8
Norm.-M.	—4,9	—4,5	—2,5	0,9	5,5	8,9	10,6	10,6	8,0	4,0	—0,4	—3,2	2,7

an klaren Tagen sind die Unterschiede oft noch viel größer. Die Hangstation ist im Winter und besonders in der Frühe wärmer als das Hochtal, im Sommer und durchschnittlich nachmittags kühler; die mittlere tägliche Temperaturschwankung vom Morgen zu Mittag beträgt in Davos so fast das Doppelte wie in Arosa. Die höchste und tiefste Temperatur des Jahres und die Jahresschwankung ist nach dem Mittel der Jahre 1891—1920:

	Minimum	Maximum	Jahresschwankung
Davos.	− 22,3	+ 24,6	46,9
(Schatzalp)	− 19,5	+ 23,7	43,2
Arosa	− 18,7	+ 21,6	40,3

Dabei betrug übrigens in diesen 30 Jahren das Mittel für Arosa:

1891/1900	− 19,4	+ 22,9	42,3
1901/1910	− 19,0	+ 21,1	40,1
1911/1920	− 17,7	+ 20,8	38,5

Die Verhältnisse haben sich also von Jahrzehnt zu Jahrzehnt in ganz bestimmtem Sinne verschoben, was sich auch an anderen meteorologischen Elementen — wie Zunahme des Niederschlags — wiederfindet. Als absolute Extreme sind in diesem 30jährigen Zeitraum gefunden

	Minimum	Maximum
Arosa	− 28,6	+ 25,3

HELLMANN (2) gibt in einer auch für den Laien sehr lesenswerten Studie über „Grenzwerte der Klimaelemente auf der Erde" als extremste bis jetzt auf der Erde beobachtete Werte: − 68° und + 56°.

Temperatur- und Windverhältnisse des gegenüber der Hanglage stark kontinentalen Hochtalklimas ergänzen ihre Aussagen gegenseitig; im Hochtal setzt sich vor allem in den frühen Morgenstunden die durch Ausstrahlung erkältete Luft ungestört nach ihrer Schwere, die kälteste zu unterst, während diese in Hanglage absinken kann. Das Abhangklima mit seiner Temperaturumkehr im kleinen ist ja ein im Hochgebirge sehr häufiger Typus; diesbezüglich steht Arosa an der Spitze aller bis jetzt existierenden schweiz. met. Stationen (MAURER); sowohl im Jahresmittel wie vor allem mit + 2,0° im Winter hat es den größten Wärmeüberschuß über die für die Höhenlage normale Temperatur, ein Rekord, der z. B. vielleicht von dem oberhalb Schuls im Unterengadin liegenden Fetan überboten werden könnte, das ebenfalls ausgeprägtestes Abhangklima haben muß. Über die berühmte allgemeine winterliche Temperaturumkehr des Höhenklimas, da bei Windstille über den ausstrahlungskalten Nebeln der Niederung in scharfer Schichtung (Nebelmeer) die wärmere Luft der in Sonnenglanz gebadeten Alpenhöhen schwimmt, siehe MAURER; nach ihm wurde die Erscheinung übrigens zum erstenmal schon Winter 1659/60 beschrieben, und zwar vom Appenzeller Pfarrer ULMANN von der durch SCHEFFELS Ekkehard allbekannten „Wilden Kirchen" (1477 m) im Säntisgebiet.

d) Luftfeuchtigkeit. Gleichermaßen typisch für Hanglage sind auch die Feuchtigkeitsverhältnisse. Die relative Feuchtigkeit, also der Prozentsatz des vorhandenen Wasserdampfgehalts der Luft zu dem bei ihrer Temperatur maximal möglichen, betrug nach Haarhygrometer für Arosa im Mittel der Jahre 1890/1920:

Tabelle 61. Relative Feuchtigkeit Arosa (1890—1920).

	Jan.	Febr.	März	April	Mai	Juni	Juli	Aug.	Sept.	Okt.	Nov.	Dez.	Jahr
7ᵃ 30 . . .	63	64	67	70	70	72	74	73	72	69	64	63	68
1ᵖ 30 . . .	56	53	53	55	56	57	57	56	57	55	54	56	55
9ᵖ 30 . . .	63	64	69	75	76	79	79	78	78	70	66	63	72
Mittel . .	60	60	63	67	67	69	70	69	69	65	61	60	65
Mittl. Min.	23	25	27	30	30	29	28	28	28	25	22	22	18

Zum Vergleich ist die relative Feuchtigkeit:

Ort	Typus	Sommer	Winter	Jahr
Zürich	Niederung	72	83	77
Lugano (1864/00) . . .		72	78	76
Sils Maria	Hochtal	73	78	76
Davos (1867/1920) . . .	„	75	80	77
Schatzalp (1911/1920). .	Gehänge	70	64	67
Arosa (1890/1920) . . .	„	68	59	65
Säntis (1883/1900) . . .	Gipfel	85	76	80

Die Hang- und Gipfelstationen haben minimale relative Feuchtigkeit im Winter, das Maximum im Sommer mit seinen aufwärtsgerichteten Luftströmungen, also einen der Niederung entgegengesetzten Verlauf!

Im Hinblick auf die Intensität der Strahlung wie physiologisch viel wichtiger als die relative ist die absolute Feuchtigkeit (also die Anzahl Gramm Wasserdampf in einem Kubikmeter Luft, nach Maßzahl praktisch identisch mit dem einfacher zu erfassenden Dampfdruck e in Millimeter Quecksilber). Aus Temperatur und relativer Feuchtigkeit berechnet sich für den Dampfdruck Arosa Tab. 62:

Tabelle 62. Dampfdruck Arosa (1891—1920).

	Jan.	Febr.	März	April	Mai	Juni	Juli	Aug.	Sept.	Okt.	Nov.	Dez.	Jahr
7ᵃ 30	1,8	1,9	2,3	3,2	4,5	6,0	6,8	6,5	5,4	3,7	2,6	2,1	3,9
1ᵖ 30	2,1	2,1	2,6	3,3	4,7	6,0	6,9	6,7	5,8	4,2	3,0	2,4	4,1
9ᵖ 30	1,9	2,0	2,5	3,4	4,7	6,2	7,0	6,9	5,9	4,0	2,8	2,2	4,1
Mittel . . .	**1,9**	2,0	2,5	3,3	4,6	6,1	6,9	6,7	5,7	4,0	2,8	2,2	**4,1**

Die im Vergleich zum Luftdruck viel stärkere Abnahme des absoluten Wasserdampfgehalts mit der Höhe mag folgende Zusammenstellung der Jahresmittel illustrieren;

	Januar	Juli	Jahr
Lugano	4,0	13,7	7,7
Zürich	3,5	11,4	6,4
Chur	3,4	10,4	6,1
Davos.	2,3	7,9	4,7
Arosa	1,9	6,9	4,1
Säntis.	1,8	5,6	3,0

Die Trockenheit der Luft zumal im Winter bedingt ihre große Durchsichtigkeit und die Plastik der Landschaft und des Himmels. Am Nachthimmel treten die Wolken der Milchstraße oft geradezu greifbar körperlich hervor. Das sie an Helligkeit noch weit übertreffende Zodiakallicht kann selbst inmitten des Ortes verfolgt werden, gute Beobachtungen liegen von BUSER vor. Dagegen haben astronomische Beobachtungen größere Szintillation in Kauf zu nehmen.

e) Niederschläge. Der meiste Niederschlag fällt als kontinentaler Typ auf die Monate höchster Lufttemperatur, erzeugt durch die aufsteigenden, Wasserdampf lokaler Herkunft (Verdunstung) führenden Luftströme; dessen Kondensation, im Frühjahr und Frühsommer noch begünstigt durch die abkühlende Schneedecke der hohen Lagen, bringt den Gipfeln und auch den Hängen vermehrten Niederschlag.

Tabelle 63. Niederschlag Arosa.

	Jan.	Febr.	März	April	Mai	Juni	Juli	Aug.	Sept.	Okt.	Nov.	Dez.	Jahr
a) Niederschlagshöhe in Millimeter Wasser (1890—1920):												
Summe . . .	82	70	92	97	101	145	168	169	123	90	76	91	1304
Mittl. Max. .	24	18	23	23	26	35	36	40	32	26	23	24	60
b) Gesamthöhe des Neuschnees in Meter (1906—1926):												
Summe . . .	1,25	0,99	1,11	1,02	0,40	0,19	0,07	0,03	0,17	0,46	1,00	**1,46**	8,15

Für den Niederschlag meldet Tab. 63 für Arosa im Sommer um ein Drittel, in der Jahreshälfte mit Schneefall fast um die Hälfte höhere Zahlen als für Davos; als Summe frischgefallenen Schnees erhält Arosa jährlich 8 m, Davos 5 m; 1916 kam Arosa sogar auf 11 m. Dabei hat Arosa kaum eine größere Zahl von Tagen mit Niederschlag, also lediglich größere Niederschlagsdichte (Niederschlag : Anzahl der Tage mit Niederschlag). Ganz ausgeprägt hohe Niederschlagsdichte — „bei möglichst reichlichen Niederschlägen möglichst viel klare Tage" (H. CHRIST [SÜRING]) — hat ja bekanntlich das sonnenreiche Tessin (Niederschlag ca. 1800 mm, Dichte ca. 15).

| 1911/20 | Niederschlag | | Anzahl der Tage | | | | | Niederschlags-dichte |
	Summe	Mittl. Max.	· ✳	Davon ✳	☰	Heiter	Trübe	
Davos . . .	994	52	154	71	10	77	101	6,4
Schatzalp .	1107	48	153	89	27	77	118	7,2
Arosa . . .	1393	64	157	89	41	82	109	8,9

Als Wahrscheinlichkeit, daß wenigstens einmal im Monat Schneefall eintritt, ergab sich für das Material Juli 1906 bis Juni 1926:

Jan.	Febr.	März	April	Mai	Juni	Juli	Aug.	Sept.	Okt.	Nov.	Dez.
100%	100%	100%	100%	90%	70%	45%	35%	60%	80%	95%	100%

Bei hoher Niederschlagsdichte — besonders beim Übergang von Regen in Schnee — war mir auf dem exponierten Aufbau der Station manchmal Gelegenheit geboten, schöne

Elmsfeuer

zu beobachten; häufig die typischen zischenden oder knarzenden Geräusche; bei dem Wettersturz vom 10. Mai 1923 Zurückweichen der Haare vor der Hand und Krabbeln in ihnen, als säße mir in denselben ein „Wespennest" — ganz ähnlich, wie es Mosso einmal vom Monte Rosa während eines heftigen Gewitters beschreibt. Lichterscheinungen sah ich am 13. Juni 1926 und 12. Juni 1924, an letzterem Tag unter strömendem Regen bei auffällig geringem Geräusch teils als prächtig purpurviolette, kräftig ausströmende Lichtgarben bis zu 3 cm Länge, teils als ruhige, weiße Lichtpunkte, besonders schön auf sämtlichen 10 Fingerspitzen der ausgestreckten Hände.

Hierher gehören auch die eindrucksvollen, oft geradezu sich rhythmisch folgenden

stillen Entladungen (Andenleuchten)

bei der typischen Wetterlage einer vorüberziehenden Böenlinie (Götz [11]).

f) Bewölkung. In der äußeren Stufe des Schanfigg findet die Kondensation der aufsteigenden Luftströmung „in einer jahreszeitlich schwankenden Höhe von 1700—2000 m statt . . . regelmäßig sich ablösende Berg- und Talwinde tragen zur ständigen Verschiebung dieser Wolkendecken bei . . . die in breitem Strome gegen den Aroser Kessel ziehen" (Beger); dieser für Schlechtwetterlage typische Wolkenzug, in Arosa allgemein „Churer" oder „Langwieser" genannt, hüllt Arosa als typische Hangstation öfters in Nebel, während das Hochtal Hochnebel oder bedeckt meldet. Nach der amtlichen Anweisung, daß jeder Tag zählt, an dem wenigstens einmal Nebel notiert wurde, hat Arosa im Mittel von 1891—1920 an Nebeltagen:

Jan.	Febr.	März	Apr.	Mai	Juni	Juli	Aug.	Sept.	Okt.	Nov.	Dez.	Jahr
1,8	1,9	2,5	4,0	5,3	5,8	5,7	5,5	7,3	5,6	3,6	1,6	50

Diese Bergnebel sind nach Jahresverlauf und Entstehung ganz verschieden von den Bodennebeln der Täler und sind denselben auch an nässender Wirkung keineswegs vergleichbar. „Zu den Talnebeln gehören in erster Linie die Nebelmeere des schweizerischen Mittellandes und der tiefen Alpentäler, die sich im Spätherbst und Winter so häufig einstellen, dann auch die Morgennebel, während als Bergnebel jede Wolke, die einen Gipfel oder ein Talgehänge einhüllt, von einem daselbst befindlichen Beobachter empfunden wird" (STREUN). Arosa dürfte an Bergnebeln etwa die Mitte halten zwischen Schatzalp und Davos-Wolfgang (Paßhöhe), während Davos selbst durch die Wolfganger Schwelle abgeriegelt ist. Dafür hat Davos als Hochtal in seinem winterlichen „Taldunst" (DORNO [1]) ausgesprochenen Morgennebel, eine Kondensation der im Talbecken sich setzenden stagnierenden, kalten Bodenschicht hoher relativer Feuchtigkeit, die eine Zeitlang infolge der durch die Kriegsverhältnisse bedingten Torffeuerung sehr unliebsam verstärkt war. Das ganze Aroser Tal ist von solchem Taldunst vollkommen frei. In das winterliche Nebelmeer des Mittellandes mag man gelegentlich auf einer Fahrt von Arosa nach Chur eintauchen, im allgemeinen pflegt dieses jedoch schon vor der Schwelle des Bündner Hochlandes, unterhalb Ragaz, halt zu machen.

Tabelle 64. Bewölkung Arosa (1890—1920).

	Jan.	Febr.	März	April	Mai	Juni	Juli	Aug.	Sept.	Okt.	Nov.	Dez.	Jahr
7ᵃ 30	4,8	5,1	5,6	6,1	5,8	5,9	5,4	5,1	5,0	5,1	5,0	5,0	5,3
1ᵖ 30	5,0	5,0	5,9	6,7	6,9	6,9	6,4	5,7	5,5	5,5	5,5	5,2	5,8
9ᵖ 30	4,3	4,5	5,3	6,0	6,1	6,4	5,9	5,3	5,1	4,8	4,6	4,4	5,3
Mittel . . .	4,7	4,9	5,6	6,3	6,3	6,4	5,9	5,4	5,2	5,1	4,9	4,9	5,5

Das langjährige Mittel der Bewölkung steht natürlich in engem Zusammenhang mit dem Gang der stündlichen Sonnenscheindauer (Tab. 1), man mag den Tabellen die Chancen guten Wetters entnehmen, wobei besonders für März und Oktober ein Wort eingelegt sei, die beide oft die wunderbarsten Tage bringen. Die im Sommer etwas reichere Bewölkung der Hanglagen, wie Arosa und Schatzalp, sahen wir schon in Tab. 2b.

Aus dem abwechslungsreichen Schauspiel, das oft die Bewölkung gerade im Gebirge dem naturoffenen Auge darbietet, möchte ich eine recht häufige und mitunter ganz wunderbar farbenfrohe Erscheinung etwas näher herausgreifen; die in Perlmutterfarben spielenden

irisierenden Wolken.

Besonders der schöne Gegensatz von lichtem Grün und Rosarot geben der Erscheinung das Gepräge. „During the winter in the Engadine, the coulours are frequently brilliant enough to attract the notice of the most indifferent", schreibt J. C. Mc Connel 1887. „Die grünen und roten Töne sind häufig am Rande der Wolken in parallelen Banden angeordnet; zuweilen sieht man sogar drei Bänder davon." Ich sah in Arosa schon bis zu 4 Farbenfolgen; von der Sonne aus gerechnet: als erste die weißliche Sonnenumgebung mit rotem Saum, die zweite grün-rot, oder wohl auch violett-blau-grün-gelb-rot; die dritte grün-rot; und ebenso die vierte. Meist ist das Farbenspiel beschrieben als Flecke im Zirrusgewölk, wie es in Ci-Str. in Arosa in großartiger Pracht und Ausdehnung am 10. Januar 1925, 4^p zu sehen war (vgl. die rohe Skizze Abb. 28a), nachdem schon zuvor — $2^\mathrm{p}40$ — die zweite Farbenfolge offenbar an Ci-Cu voll zu sehen war; nachts prächtig farbener großer Mondkranz. Ein anderes typisches Bild sind die feinen Lichtkränze, die als geschlossener Ring die Sonne umgeben, jedoch nicht in streng mathematischer Kreisform, sondern etwa meist so, wie ein Kreis aus

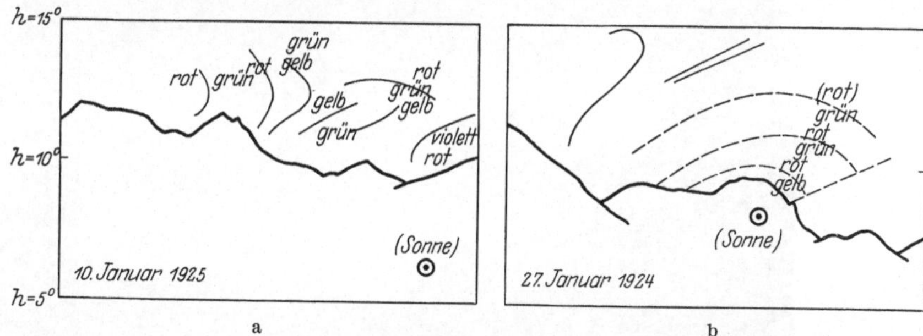

Abb. 28 a, b. Irisierende Wolken, Arosa.

freier Hand gezeichnet wird; beispielsweise ist bei Zirrus (S_3) am 4. März 1926 (früh Polarbande, tags darauf Nordlicht) notiert:

11^a 42 M. E. Z.

1. Farbfolge	weiß-rot,	bis zu ca. $r = 4°$
2. Farbfolge	grünrot,	„ „ „ $r = 5,5°$
3. Farbfolge	—	

11^a 46

1. Farbfolge	weiß-rot,	bis zu ca. $r = 3°$
2. Farbfolge	grün-rot,	„ „ „ $r = 4,5°$
3. Farbfolge	violett-blau-gelb-rot	„ „ „ $r = 9°$

Noch instruktiver sind die in Abb. 28b angedeuteten feinen Sonnenringe vom 27. Januar 1924, wenige Minuten vor Auftauchen der Sonne über dem Berggrat — leider mußte diese schöne Gelegenheit zu einer photographischen Aufnahme versäumt werden. Interessant ist die scharfe Begrenzung nach rechts in der Art, wie bei hohem Dunst im Gebirge besonnte und beschattete Lufträume sich als durch Dunststrahlen scharf getrennte Sektoren voneinander abheben; „das Vorhandensein schweben-der Stoffteilchen im Wasser oder in der Luft wird durch keine Probe so sicher und gründlich nachgewiesen, wie durch einen hindurchfallenden Lichtstrahl" (Tyndall).

Als typische Wetterlage fand ich antizyklonale, insbesondere Hochkeillage mit absteigenden Luftströmen und oft vom Nachmittag zum Abend nach sinkender relativer Feuchtigkeit.

Große Farbensättigung zeigen auch die Nebensonnen und Haloerscheinungen. Das Hauptmaximum ihrer Häufigkeit liegt im Frühjahr — auf April fallen 15% der Erscheinungen des Jahres —, ein sekundäres Maximum im Herbst; verglichen mit anderen Beobachtungsreihen

Abb. 29. Nebensonne Arosa.

scheint die Häufigkeit in Arosa übrigens recht niedrig zu sein. Die weithin im Alpenvorland (München, Zürich), in Süddeutschland und im Schwarzwald gesichtete seltene Haloerscheinung vom 23. März 1924 war auch in Arosa auffällig. Alle solche meteorologisch-optischen Erscheinungen weisen hier im Hochgebirge ein ungewöhnliches Farbenspiel; es sei nur noch an den   Regenbogen

erinnert mit in der Regel mehreren grünvioletten „sekundären Bögen" (Perntner-Exner).

2. Physiologische Klimatologie.

Es ist unbestreitbar, daß die üblichen meteorologischen Tabellen ein wenig anschauliches Bild geben, wie — um mit Hill (1) zu sprechen — Wohlbefinden und Gesundheit des Menschen von Wetter und Klima abhängt; daß es „hohe Zeit ist, daß die wissenschaftliche Klimatologie mit dem ärztlichen und gesundheitlichen Denken engere Fühlung nimmt (Gonzenbach [Kornmann]).“ „Das Klima ist ein sehr komplexer Begriff, den wir als Ganzes wohl empirisch verwerten können, der aber nicht mehr scharf zur Geltung kommt, sobald man versucht, ihn in seine Elemente aufzulösen“ (Flügge). Die Meteorologie, die so mannigfaltigen Bedürfnissen gerecht werden muß, kann auf Analyse nicht verzichten, und sie verfügt über ein ungeheures Beobachtungsmaterial; so dürfte allen Interessen aufs beste gedient sein, gelingt der Physiologie mehr

Abb. 30. Regenbogen Arosa.

und mehr eine Synthese der physikalischen Einzelfaktoren zu solcher Form, daß ohne weiteres bestimmte Wirkungen des Klimas auf den menschlichen Körper zu erkennen sind. So sind für den dynamischen Organismus nicht Wärme und Feuchtigkeit an sich von Interesse, sondern die komplexen Kräfte der Entwärmung und Austrocknung.

a) Die Abkühlungsgröße. Wohlbefinden beruht auf richtiger Wärmeökonomie des Körpers, in der rechten Mitte zwischen erschlaffender Wärmestauung und allzu großer Beanspruchung der energetischen Kräfte. Es leuchtet ohne weiteres ein, wie wichtig es ist, den Entwärmungskomplex des Klimas zu messen. Es sind nun schon gerade 100 Jahre, daß Heberdeen die „Abkühlung“ durch die Witterung — vor allem Temperatur und Wind — maß, indem er bestimmte, wie rasch ein auf Körpertemperatur überhitztes Thermometer im Freien

Götz, Strahlungsklima.

zurückging. Bekannt ist das von FRANKENHÄUSER unter dem Namen „Homöotherm" modifizierte Instrument, das schon 1876 KRIEGER in Straßburg zu Untersuchungen über den Wärmeschutz von Kleiderstoffen verwandte, — Versuche, wie sie in der Aroser Sonne 1890 Dr. O. HERWIG mittels eines gewöhnlichen Thermometers machte, wobei HERWIG sich vom medizinisch-klimatischen Gesichtspunkt aus auf den „Krankentag" beschränkte. Daß sich seit einigen Jahren die Kenntnis der Abkühlungsgröße sehr vertieft, ist das Verdienst von LEONARD HILL (2), da sein „Katathermometer" ein ungemein handliches und einfaches Instrument für solche Messungen ist.

Das Katathermometer ist nichts anderes als ein Alkoholthermometer, das über Körpertemperatur hinaus vorgewärmt wird; Endpunkte der Skala sind 38° und 35° C (mittlere Körpertemperatur 36,5°); beim Rückgang von 38° auf 35° gibt das Thermometer immer dieselbe Wärmemenge an die Umgebung ab, aus der hierzu nötigen Zeit berechnet sich (durch einfache Division in die beigegebene Instrumentalkonstante) als Kataindex der Abkühlungsgröße H die Wärmemenge in Millicalorien, welche durch den Quadratzentimeter des Gefäßes pro Minute entweicht. H ist der Index der Entwärmung durch Strahlung und Leitung (trockener Index); überzieht man das Gefäß mit einer feuchten Mousselinehülle, so reagiert das Instrument im feuchten Kataindex H' auch noch auf die Verdampfung; $H' - H$ soll dann ein Index der Verdampfungsgröße allein sein. Das Hauptgewicht liegt ja wohl auf der trockenen Abkühlungsgröße.

In Arosa ist von März 1923 bis März 1924 3mal täglich bei jeder Witterung mit dem Katathermometer gemessen (trocken, feucht, im Schatten, in Sonne); und zwar wieder auf dem Beobachtungsstand 25 m über ebener Erde, so daß die ja doch vor allem auf den Wind ansprechenden Abkühlungswerte als Maximalwerte anzusehen sind. Als Beobachtungstermin hielt ich mich an die von DORNO (7), der die erste Jahresreihe mit dem HILLschen Instrument im Hochgebirge durchführte, in Berücksichtigung des Krankentages gewählten Zeiten: Winter 8ᵃ 30, 1ᵖ 30, 6ᵖ 30; Sommer 7ᵃ 30, 1ᵖ 30, 7ᵖ 30.

Als geringste Abkühlungsgröße des Beobachtungsjahres maß ich trocken 8,6, feucht 23,0 am 14. Juli 1923. Der Höchstwert läßt als ganz außerordentlich alle andern Maxima weit hinter sich: beim Schneetreiben (Bise) des 21. Dezember 1923 kamen trocken 62, feucht 92 zur Messung. Bei einem kürzeren Septemberaufenthalt auf Jungfraujoch maß ich bis zu: trocken 91, feucht 116. Aus BODMANS Arbeit „Das Klima als eine Funktion von Temperatur und Luftgeschwindigkeit in ihrer Verbindung" berechnet sich als Tagesmittel des 10. August 1902 auf Snow Hill, der Überwinterungsstation der Schwedischen Südpolarexpedition 1901/1903, die trockene Abkühlungsgröße $H = 191$.

Tabelle 65.
Abkühlungsgröße Inner-Arosa, gemessen mit Katathermometer (beschattet).

	Jan.	Febr.	März	April	Mai	Juni	Juli	Aug.	Sept.	Okt.	Nov.	Dez.	Jahr
a) trocken H													
8^a . . .	25,6	26,6	22,3	20,4	19,7	17,2	11,4	14,5	17,8	20,8	25,6	24,0	20,5
1^{p}30 . .	23,8	28,2	22,4	21,4	20,0	19,6	14,0	16,2	18,5	22,4	26,0	27,0	21,6
7^p . . .	24,5	26,5	24,4	21,0	20,6	15,4	14,7	15,7	19,0	22,0	24,0	25,8	21,1
Mittel . .	24,6	27,1	23,0	20,9	20,1	17,4	13,4	15,5	18,4	21,7	25,2	25,6	**21,1**
b) feucht H'													
8^a . . .	49,7	50,3	42,5	40,4	41,2	37,0	30,4	35,2	37,1	46,3	50,4	45,7	45,2
1^{p}30 . .	47,6	56,9	42,6	43,8	42,5	41,5	39,3	42,9	44,0	48,4	49,5	48,9	45,7
7^p . . .	49,1	47,7	41,9	39,4	41,8	31,6	34,6	35,8	40,9	42,5	45,5	49,0	41,6
Mittel . .	48,8	51,6	42,3	41,2	41,8	(36,7)	34,8	38,0	40,7	45,7	48,5	47,9	43,2

Ein großer Nachteil der Katathermometermessungen gegenüber rechnerischer Synthese dürfte die Festlegung auf die Körpertemperatur 36,5° sein gegenüber der je nach äußeren Bedingungen so variierenden Oberflächentemperatur des Menschen; überhaupt die Vorwegnahme einer Synthese (BAUR [1]), die vom Studium der so komplizierten physiologischen Verhältnisse des Organismus auszugehen hätte. Über derlei muß man sich natürlich klar sein. Andererseits liegt die Messung schwacher Windgeschwindigkeiten, die gerade die Abkühlungsgröße stark beeinflussen, noch sehr im Rohen, so daß hier das Katathermometer sich geradezu als treffliches Anemometer empfiehlt — ganz Entsprechendes für ein Homöotherm oder gar ein einfaches, nicht zu schnell fallendes Quecksilberthermometer gibt übrigens JÖTTEN an, der die FRANKENHÄUSERschen Versuche in Arosa wiederholt hat. HILL fand für die Berechnung des trockenen Kataindex aus Lufttemperatur t und Windgeschwindigkeit v die Formel

$$H = (36,5 - t) \cdot (\alpha + \beta \sqrt{v}) = \Theta \cdot f(v),$$

wo α und β Konstanten sind, deren Zahlenwert in verschiedenen Publikationen etwas verschieden mitgeteilt ist. WEISS, der eine ausgezeichnete Arbeit über Katathermometrie vom Standpunkt des Lüftungstechnikers aus durchgeführt hat, fand in Berlin

$$H = (36,5 - t) \; (0,14 + 0,49 \sqrt{v}).$$

Für das Hochgebirge mit seinem geringeren Luftdruck fallen die mit dieser Formel gerechneten Werte gegenüber den gemessenen zu hoch aus, die Formel bedarf also noch einer Korrektur für den Barometerstand; nach HILL[1] ist, wenn die Abkühlungsgröße bei

---

[1] Nach dankenswerter Mitteilung.

normalem Barometerstand b_0 gleich H_0 ist, diejenige bei Barometerstand b_1

$$H_1 = H_0 \cdot \frac{\left(1 + \sqrt{\dfrac{b_1}{b_0}}\right)}{2}.$$

Meine eigenen Vergleiche zwischen Berechnung und Beobachtung ergaben bedeutend stärkere Abnahme der Abkühlungsgröße mit der Höhe; für Arosa ergaben die Messungen nur 83% ($\beta = 0{,}39$), für 2500 m Höhe 81% der (nach WEISS) durch Rechnung erhaltenen Werte.

Im folgenden ist eine meist auf Rechnung beruhende kleine Vergleichstabelle der Abkühlungsgröße zusammengestellt, in der die Lufttemperaturen beigeschrieben sind; die verschiedenen Orte sind nach der Januartemperatur geordnet. Leider liegt z. B. kein Jahresturnus der Windgeschwindigkeit vom Engadin vor. Beiläufig sei erwähnt, daß die „Times" — wohl seit Anfang 1924 — die in London (National Institute for Medical Research at Hampstead) gemessenen Werte der Abkühlungsgröße täglich in der Spalte für Wetterberichte veröffentlichen.

Tabelle 66. Vergleichstabelle der Abkühlungsgröße H. Mit Beifügung der Lufttemperaturen t.

	Januar		Juli		Jahr	
	t	H	t	H	t	H
Verchojansk (Sibirien) . .	$-49°$	53	$15°$	20		
Angmagsalik (Grönland) .	$-10°$	34	$6°$	19		
Gellivare (Schweden) . . .	$-10°$	33	$14°$	17		
Säntis	$-9°$	52	$5°$	34	$-3°$	43
Davos	$-7°$	23	$12°$	15	$3°$	19
Inner-Arosa	$-5°$	**25**	**11°**	**13**	$3°$	**21**
Arosa (Postplatz)						**19**
St. Blasien	$-2°$	22	$15°$	12		19
Zürich	$-1°$	34	$18°$	15	$9°$	23
Hohenheim (bei Stuttgart)	$-1°$	30	$17°$	15	$8°$	22
Berlin	$0°$	45	$18°$	20	$9°$	33
Borkum.	$1°$	56	$16°$	29	$8°$	42
Agra (Tessin)	$4°$	22	$23°$	9	$12°$	16
Kew (London)	$4°$	39	$18°$	21		
Heluan (Kairo)	$12°$	29	$28°$	12	$21°$	20
Assuan						15
Madras	$25°$	11	$31°$	6	$28°$	8

Die große Gleichmäßigkeit der Abkühlung im windgeschützten Gebirgsklima ist durch E. PETERS schon mit dem Homöotherm belegt worden. Zahlenmäßig klar zeigt sich, daß in unserem Übungsklima die Vorzüge tiefer Temperatur (außer dem die Strahlungsreize so wichtig ergänzenden Kältereiz eines Heilklimas siehe diesbezüglich auch nächsten Abschnitt) durchaus nicht auf Kosten übertriebener Ansprüche an den Wärmehaushalt des Körpers gehen.

b) Der Austrocknungswert. Das übliche Maß der relativen Feuchtigkeit vermag, wie die Anfeindung der ersten Hochgebirgskuren geschichtlich belegt, der ja offen vor Augen liegenden hohen austrocknenden Wirkung des Hochgebirges nicht gerecht zu werden. So ist es wieder nicht zufällig, daß ein Hochgebirgsarzt, C. Spengler, Davos, wohl den ersten entscheidenden Schritt getan hat, die Luftfeuchtigkeit als „physiologische Feuchtigkeit" komplex zu erfassen, indem er sie in Beziehung setzt zur Körpertemperatur: „Die physiologische Feuchtigkeit zeigt die Aufnahmefähigkeit der auf 37° erwärmten Atmungsluft für Wasserdampf an." Spengler gibt diese Aufnahmefähigkeit nach Prozenten; Bach (1) empfiehlt deren absolute Werte, das physiologische Sättigungsdefizit; ihm schließt sich Dorno (8) an, der diese Verhältnisse sehr anschaulich auseinandergesetzt hat — das physiologische Sättigungsdefizit als die Anzahl Gramm Wasser, die jeder Kubikmeter durchgeatmeter Luft dem Körper entzieht. Das Zahlenmaterial nun als physiologisches Sättigungsdefizit zu tabellieren, dürfte sich jedoch nicht empfehlen; denn von Fall zu Fall ändert sich die Eigentemperatur des Bezugskörpers, je nachdem man abstellt auf die Lunge, die Haut im Schatten oder die bestrahlte Haut (Sonne, Loewy u. Dorno) usw.; auch ist es ja eine kleine Mühe, die Differenz $E-e$ zu bilden zwischen dem maximalen Dampfdruck (= absoluter Feuchtigkeit) E bei Körpertemperatur ($E_{37°} = 47,1 \cdot E_{36,5°} = 45,8$) und dem vorhandenen Dampfdruck e (Mittelwerte Arosa Tab. 62). Beispielsweise wäre das auf 37° bezogene physiologische Sättigungsdefizit im Jahresmittel:

Arosa	$47,1 - 4,1 = 43,0$
Davos	$- 4,7 = 42,4$
Lugano	$- 8,0 = 39,1$
Zürich	$- 8,0 = 39,1$
Basel	$- 8,7 = 38,4$
Assuan (Ägypten)	$- 9,1 = 38,0$

Es dürfte aber überhaupt noch lange nicht das letzte Wort gesprochen sein, wie weit das Sättigungsdefizit der physiologischen Austrocknung — und das ist doch das Entscheidende — proportional ist. Auf einer Reise durch die überaus trockenen Gegenden im Norden von Chile und Bolivien lernte Walter Knoche körperlich eindrucksvoll die enorme Wirkung extremer Lufttrockenheit kennen; dieser Reise verdanken wir seine Arbeit über den „Austrocknungswert als klimatischen Faktor" (Knoche), die ein viel mehr beredtes Zahlenbild liefert. Die Berechnungsart von Knoche stützt sich auf Bigelows (für ein Gefäß von $1/2$ m² und eine Dauer von 4 Stunden gültige) Formel für die Verdunstungsgröße

$$S_v = 0,023 \cdot F(v) \cdot \frac{E p}{e} \frac{dE}{dp} (1 + 0,084\,v) \cdot \frac{760}{b},$$

die für Windstille ($v = 0$) sich vereinfacht zu

$$S_c = 0{,}023 \cdot \frac{Ep}{e} \cdot \frac{dE}{dp} \cdot \frac{760}{b}.$$

Dabei bedeutet für unsern Fall der „antropoklimatologischen Austrocknung" — die KNOCHE gesondert von der geoklimatologischen Austrocknung behandelt — E wieder den maximalen Dampfdruck für die Körpertemperatur p; für p wird in einem statistischen Überblick über die verschiedenen Klimate der Erde die Hauttemperatur im Schatten bei Lufttemperatur $t°$ und Windstille nach

$$p = 30{,}1° + 0{,}2 t°$$

zugrunde gelegt; b ist der Barometerstand. Nach KNOCHES Tabellen mag es genügen, daß wir uns auf den Fall der Windstille beschränken, zumal die Tendenz einer Erhöhung der Austrocknung durch Wind und Erniedrigung der Hauttemperatur durch denselben einander entgegenwirken; die den „Dampfhunger" der Atmosphäre steigernde Kraft der Sonne, die im Winter im Hochgebirge etwa durch das direkte Verdampfen des Schnees auf einer Liegehalle so eindrücklich vor Augen gestellt wird, ist sowieso noch unberücksichtigt. In Tab. 67 sind nun zunächst physiologisches Sättigungsdefizit und Austrocknungswert nach KNOCHE für verschiedenen Luftzustand in einer kleinen Tafel zusammengestellt; man sieht die plausiblere Sprache des Austrocknungswertes, auch wenn man sich — was sicher im Sinne von KNOCHE selbst sein dürfte — noch nicht definitiv auf seine Rechnungsart festlegen will.

Tabelle 67.
Physiologisches Sättigungsdefizit und Austrocknungswert.
a) Physiologisches Sättigungsdefizit, bezogen auf

$p = 36{,}5°$ $p = 30{,}1° + 0{,}2 t$ (Schattentemp. Haut)

Luft-temp.	Rel. F.						Luft-temp.	Rel. F.					
	100%	80%	60%	40%	20%	5%		100%	80%	60%	40%	20%	5%
$+20°$	28,27	31,78	35,29	38,79	42,30	44,93	$+20°$	22,59	26,10	29,61	33,11	36,62	39,25
$+10°$	36,60	38,44	40,28	42,13	43,97	45,35	$+10°$	26,67	28,51	30,35	32,20	34,04	35,42
$0°$	41,23	42,15	43,06	43,98	44,89	45,58	$0°$	27,44	28,36	29,27	30,19	31,10	31,79
$-10°$	43,65	44,08	44,51	44,95	45,38	45,70	$-10°$	26,36	26,79	27,22	27,66	28,09	28,41
$-20°$	44,85	45,04	45,23	45,43	45,62	45,76	$-20°$	24,41	24,60	24,79	24,99	25,18	25,32

b) Austrocknungswert nach KNOCHE ($b = 760$ mm), bezogen auf

$p = 36{,}5°$ $p = 30{,}1° + 0{,}2 t$ (Schattentemp. Haut)

Luft-temp.	Rel. F.						Luft-temp.	Rel. F.					
	100%	80%	60%	40%	20%	5%		100%	80%	60%	40%	20%	5%
$+20°$	0,15	0,19	0,25	0,38	0,75	3,00	$+20°$	0,12	0,15	0,20	0,29	0,59	2,35
$+10°$	0,29	0,36	0,48	0,72	1,43	5,72	$+10°$	0,18	0,23	0,30	0,45	0,91	3,62
$0°$	0,57	0,72	0,96	1,44	2,87	11,50	$0°$	0,30	0,37	0,49	0,74	1,48	5,92
$-10°$	1,22	1,52	2,03	3,05	6,10	24,38	$-10°$	0,50	0,63	0,84	1,26	2,52	10,08
$-20°$	2,74	3,42	4,54	6,86	13,71	54,9	$-20°$	0,92	1,14	1,52	2,29	4,59	18,36

Für Arosa betragen die mittleren Austrocknungswerte im Laufe des Jahres:

Jan.	Febr.	März	Apr.	Mai	Juni	Juli	Aug.	Sept.	Okt.	Nov.	Dez.	Jahr
0,80	0,76	0,64	0,52	0,41	0,34	0,31	0,32	0,35	0,46	0,60	0,72	0,52

Nach der achtstufigen Klassifikation von KNOCHE wäre also der Sommer normal (Klasse IV 0,21—0,35), November bis April trocken (Klasse VI 0,51—1,00). Besonderes Interesse böten hier die Einzelwerte; als absolutes Extrem, wie es im Lauf langer Jahre einmal eintreten kann,

Abb. 31. Morgendämmerung Arosa.

fand ich für Arosa im Zeitraum 1901/20 zweimal die außerordentliche Trockenheit 3,9 (Klasse VIII, Werte > 2,00). Andererseits scheint als niedrigster Wert der letzten Jahre für Arosa 0,17 vorzuliegen, nur im seltensten Extremfall möchte vielleicht einmal 0,15 vorkommen; 0,15 entspricht einer relativen Feuchtigkeit von 70% bei 23° C, wobei bei Windstille nach RUBNER das Gefühl der Schwüle eintritt. Durch einen eindeutigen Einzelzahlenwert den Schwellenwert für Schwüle festzulegen, muß selbst dann versagen, wenn man eine ausreichende Definition der Schwüle in einer Luft sieht, die nicht mehr genug Feuchtigkeit aufnehmen kann, weil eben die Bedingungen verschieden sind für Atmungs- und Hautfeuchtigkeit. RUBNERS Optimum von 18° bei 30—40% relativer Feuchtigkeit würde ein Austrocknungswert 0,43—0,32 entsprechen.

Zum Schluß seien in Tab. 68 Arosa und einige andere uns besonders interessierende Orte in die KNOCHEsche Klassifizierung der Austrocknung

Tabelle 68. Antropoklimatologische Austrocknungswerte.
Spc für Windstille.

Klasse	Winter (Januar) Ort	$t°$	*Spc*	Sommer (Juli) Ort	$t°$	*Spc*
I. sehr feucht	Jaluit (Marschallinseln)	27°	0,10	Buschir (Persien) . . .	32°	0,11
II. feucht				Hongkong.	28°	0,11
				Jaluit (Marschallinseln)	27°	0,11
				Timbuktu (Sahara) . .	32°	0,12
	Madras	25°	0,12	Madras	31°	0,12
III. ziemlich feucht				New York	23°	0,14
				Rom	26°	0,16
				Lugano	22°	0,16
				Borkum	16°	0,16
				Locarno	21°	0,18
				Johannesburg (Transvaal)	18°	0,18
				Moskau	18°	0,18
				Berlin	18°	0,18
				Zürich	18°	0,18
	Hongkong	16°	0,19	London	17°	0,18
	Buschir (Persien) . . .	12°	0,20	Athen	27°	0,20
				Chur	17°	0,20
				Russkoje Ustje (Sibirien)	10°	0,20
IV. normal	Heluan (Kairo). . . .	12°	0,27	Assuan	32°	0,21
	Athen	9°	0,27	Heluan	28°	0,21
	Rom	8°	0,27	St. Blasien	15°	0,21
	Assuan (Ägypten). . .	15°	0,28	Werchojansk	15°	0,25
	London	3°	0,28	Gellivare (Schweden) .	15°	0,26
	Borkum	1°	0,29	Davos	12°	0,27
	Berlin	0°	0,34	Leysin	14°	0,28
	Lugano	1°	0,35	Sils-Maria	11°	0,30
				Angmagsalik (Grönland)	6°	0,30
				A·r·o·s·a	**11°**	**0,31**
				Schatzalp	10°	0,31
				St. Moritz	11°	0,32
V. ziemlich trocken	Timbuktu	21°	0,36			
	Johannesburg	7°	0,37			
	Zürich	− 1°	0,39			
	Locarno	3°	0,40			
	St. Blasien	− 3°	0,40			
	Chur	− 1°	0,41			
	New York	− 1°	0,42	Säntis ($b = 562$) . . .	5°	0,42
VI. trocken	Gellivare (Schweden) .	−10°	0,56			
	Moskau	−10°	0,57			
	Angmagsalik (Grönland)	−10°	0,60			

Tabelle 68 (Fortsetzung).

Klasse	Winter (Januar)			Sommer (Juli)		
	Ort	$t°$	Spc	Ort	$t°$	Spc
VI. trocken	Davos	$-7°$	0,61			
	Leysin	$-2°$	0,64			
	Sils-Maria	$-8°$	0,72			
	St. Moritz	$-7°$	0,74			
	Schatzalp	$-5°$	0,75			
	Arosa	$-5°$	**0,80**	Chuquicamata (Chile, $b = 542$)	$15°$	0,81
VII. sehr trocken	Chuquicamata	$8°$	1,02	Collahuasi (Bolivien, $(b = 429)$	$4°$	1,01
	Säntis	$-9°$	1,09			
	Collahuasi (Bolivien, $b = 429$)	$-4°$	1,91			
VIII. außerordentlich trocken	Russkoje Ustje (Sibirien).	$-39°$	5,67			
	Werchojansk (Sibirien)	$-49°$	11,26			

bei Windstille *Spc* eingereiht; KNOCHE erhöht sehr die Anschaulichkeit der Tabelle durch Beisetzen der Lufttemperatur t, die konsequenterweise durch die Abkühlungsgröße (Tab. 66) zu ersetzen wäre.

Hochgebirgslagen wie Arosa vereinigen physiologisch die Austrocknung des hohen Nordens bei mäßiger Abkühlungsgröße mit der Lichtfülle des Südens.

c) Das Klima der Liegehalle. Eine Skizze der klimatischen Grundzüge eines Kurorts wie Arosa bliebe recht unvollständig, wollte man nicht auch einige Worte der Freiluftliegehalle (im allgemeinen gedeckter, nach Süden völlig offener Balkon) widmen; sie gibt dem Arzt so reiche Möglichkeit, „Reiz und Schonung" (BACMEISTER u. BAUR) des Klimas individuell zu variieren, soweit nicht überhaupt Kontraindikation des Krankheitsfalles für das Hochgebirge (AMREIN) vorliegt. Auf die Ausgeglichenheit der Lichtverhältnisse der Südliegehalle ist bereits in Tab. 54 hingewiesen. Gleichzeitig mit der Abkühlungsgröße im Freien ist ferner ein volles Jahr hindurch die Abkühlungsgröße auf einer Liegehalle des Sanatorium Arosa gemessen (Tab. 69).

In der verglichen mit Tab. 65 viel größeren Schonung der Liegehalle drückt sich natürlich vor allem der Windschutz aus. Absolute Windstille soll auch die Liegehalle nicht bieten, denn dies ist ja gerade ihr Vorteil, daß ihre Luft gegenüber der toten Luft geschlossener Räume noch Freiluft ist. Das Anemometer versagt hier, da es auf Windgeschwindigkeiten unterhalb 0,7 m/sec (vgl. Seite 88) nicht mehr anspricht; hier empfiehlt sich nun schön das Katathermometer als Windmesser, indem die Windgeschwindigkeit aus der gemessenen Abkühlungsgröße und der

Tabelle 69. Abkühlungsgröße einer Freiluft-Liegehalle Arosa, gemessen mit Katathermometer (im Schatten).

	Jan.	Febr.	März	April	Mai	Juni	Juli	Aug.	Sept.	Okt.	Nov.	Dez.	Jahr
				a) trocken H									
8ª ...	14,4	14,8	12,7	11,7	10,4	10,9	7,8	8,0	8,8	10,5	12,1	13,0	11,3
1p 30 ..	12,8	14,0	11,6	10,5	9,7	9,8	6,7	7,3	7,7	9,4	12,0	12,1	10,3
7p ...	14,2	15,5	12,6	12,1	11,0	9,7	7,5	7,9	8,4	10,6	12,4	13,5	11,3
Mittel ..	13,8	14,8	12,3	11,4	10,4	10,1	7,4	7,8	8,3	10,2	12,2	12,9	**11,0**
				b) feucht H'									
8ª ...	31,0	32,4	27,5	26,6	25,7	25,7	21,8	22,5	22,7	26,5	29,3	29,2	26,7
1p 30 ..	30,0	32,6	26,9	26,9	25,5	24,4	21,7	22,9	23,6	26,6	29,0	28,5	26,5
7p ...	32,0	32,5	27,2	26,8	25,2	23,4	20,7	21,7	22,2	26,2	28,1	29,2	26,3
Mittel ..	31,0	32,5	27,2	26,8	25,5	24,5	21,4	22,4	22,8	26,4	28,8	29,0	26,5

gemessenen Lufttemperatur berechnet wird. Es zeigt sich, daß die Luftbewegung der Liegehalle erwartungsgemäß der Windgeschwindigkeit im Freien proportional ist und auf $^1/_6$ der an unserm exponierten Standort auf dem Aufbau gemessenen Werte zurückgeht: Die Luftbewegung in der Liegehalle beträgt im Jahresmittel 0,3 m/sec.

Bezüglich der Temperaturen der Liegehalle war dabei folgendes zu beachten. Mit einem ASSMANN-Psychrometer ergaben sich im Mittel einiger Maitage folgende Unterschiede zwischen Liegehalle und den Daten der Meteorologischen Station an der Nordwand des Hauses:

	Temp. t	Relat. Feucht. %	abs. Feucht. ϵ	Austrocknung (Windstille) Spc
Normal .	9,4°	51	4,5	0,45
Liegehalle	12,8°	42	4,6	0,48

Die absolute Feuchtigkeit scheint dieselbe, die Temperatur der Liegehalle höher und entsprechend die relative Feuchtigkeit geringer wie im Freien.

Zum Schluß seien noch ein paar Abkühlungswerte gegeben, wenn das Katathermometer der Sonne exponiert war, wenn solche Werte auch schwerlich exakt definierte sind:

Abkühlungsgröße Liegehalle Arosa

1p 30	trocken		feucht	
	Schatten	Sonne	Schatten	Sonne
November 1923	12,0	8,4	29,0	26,8
Dezember 1923	12,1	7,0	28,5	22,9
Januar 1924	12 8	8,3	30,0	24,2
Februar 1924	14,0	9,4	32,6	27,1

Es ist wohl erwähnenswert, daß in der Aroser Liegehalle die Abkühlungsgröße in der Wintersonne etwa dieselbe ist wie im Schatten im Hochsommer.

Im übrigen wollen wir, wie VAN OORDT sagt, „nie vergessen, daß die freie Atmosphäre die Mutter eines starken Menschengeschlechtes ist und nur notgedrungen seine Krankenpflegerin sein soll". Dem Kranken ein Gesund-, dem Gesunden ein Jungbronn: Das Strahlungsklima von Arosa.

Literatur.

Abbot, C. G., and Colleagues: Provisional Solar-Constant Values. Smithson. Misc. Collect. Bd. 77, Nr. 3. Washington 1925.

Abbot, C. G. (1): Annals of the Astroph. Obs. Smiths. Inst. Washington 2—4.

— (2): Ann. of the Astrophys. Observatory of Smithson. Inst. 4, 250.

Amrein, O.: Das Hochgebirgsklima. Handb. d. ges. Tuberkulosetherap. Berlin und Wien 1922.

Ångström, A.: The Albedo of Various Surfaces of Ground. Geografiska Annaler H. 4. 1925.

Angström, K.: Wied. Ann. d. Phys. 67, 633. 1899.

Bach, H. (1): Das Klima von Davos. Neue Denkschr. d. Schweiz. Naturf. Ges. 42, Abh. 1. 1907.

— (2): Zeitschr. f. Balneologie, Klimatologie u. Kurort-Hyg., Jg. II. Berlin 1909/10.

Bacmeister und Baur, F.: Die klimatische Behandlung der Tuberkulose. Ergebn. d. ges. Med. 7.

Baur, F. (1): Die Abkühlungsgröße des St. Blasier Klimas. Mitt. d. Wetter- u. Sonnenwarte St. Blasien, H. 3, S. 42. 1924.

— (2): Mitt. d. Wetter- u. Sonnenwarte St. Blasien, H. 3. Braunschweig 1924.

Beger, H.: Assoziationsstudien in der Waldstufe des Schanfiggs. Beil. z. Jahresber. der Naturf. Ges. Graubündens 61. Chur 1922.

Bemporad: L'Assorbimento Schettivo Dell' Atmosfera Terrestre . . ., R. Accad. dei Lincei. Rom 1905.

Boda, K. u. Roth, H.: Der Trübungsgrad der Atmosphäre über Frankfurt a. M. und über dem Taunus-Observatorium. Met. Zeitschr. 39, 369. 1922.

Braun, J.: Die Vegetationsverhältnisse der Schneestufe in den Rhätisch-Lepontischen Alpen. N. Denkschr. d. Schweiz. Naturf. Ges. 48, 18. 1913.

Bunsen und Roscoe: Poggendorfs Ann. d. Phys. u. Chem. 117. 1862.

Buser, F. mit Anm. von Graff: Beobachtungen des Zodiakallichts im Winter 1923/24. Mitgeteilt v. Bund d. Sternfreunde. Astr. Nachr. 223, Nr. 5329. 1924.

Cabannes u. Dufay: Mesures de l'altitude de la couche d'ozone. L'Astronomie 40, 34. 1926.

Mc Connel, Phil. Mag. 24, Ser. 5, 422. 1887.

Cornu: C. R. 88, 1103. 1879.

Dember, H.: Ann. d. Phys. 49, Nr. 5. 1916.

Dobson, G. M. B. u. Harrison, D. N.: Measurements of the Amount of Ozone in the Earth's Athmosphere and its Relation to other Geophysical Conditions. Proc. Roy. Soc., A. 110, 660. 1926.

Dorno, C. (1): Studie über Licht und Luft des Hochgebirges. Braunschweig 1911.

— (2): Zeitschr. f. Tuberkul. 37, 13. 1922, sowie Met. Zeitschr. 39, 355. 1922.

— (3): Himmelshelligkeit, Himmelspolarisation und Sonnenintensität in Davos 1911—1918. Veröffentl. d. Pr. Met. Inst. Abh. 6. Berlin 1919.

— (4): Fortschritte in Strahlungsmessungen. Met. Zeitschr. 39, 303. 1922.

DORNO, C. (5): Met. Zeitschr. **42**, 81. 1925.

— (6): Zeitschr. f. phys. u. diät. Therapie **26**, 410. 1922.

— (7): Über geeignete Klimadarstellungen. Zeitschr. f. phys. u. diät. Therapie einschl. Balneologie u. Klimatologie **26**, 439. 1922.

— (8): Klimatologie im Dienste der Medizin. Vieweg 1920.

— (9): Verh. der klimat. Tagung in Davos, S. 549. Basel 1926.

— (10): Procès Verbaux de la Conférence de la Commission Internationale de Radiation Solaire à Davos 1925, S. 22. Stockholm 1926.

— (11): Strahlentherapie **14**, 36. 1922.

DORNO, C., MEISSNER, K. W. u. VAHLE, W.: Zur Technik der Sonnenstrahlungsmessungen in einzelnen Spektralbezirken. Met. Zeitschr. **41**, 234. 1924.

ELSTER u. GEITEL: Wiener Ber. II a. 1892.

FABRY, CH. u. BUISSON, H.: Etude de l'extrémité ultra-violette du spectre solaire. Journ. de Phys. Sér. 6, **2**, 197. 1921.

FLÜGGE: Zeitschr. f. Tuberkul. **37**, 1. 1922.

FREUND, L.: Dtsch. med. Wochenschr. **51**, 2017. 1925.

GESSLER, R.: Die Stärke der unmittelbaren Sonnenbestrahlung der Erde in ihrer Abhängigkeit von der Auslage usw. Abh. Preuß. Met. Inst. 8, Nr. 1. Berlin 1925.

GÖTZ, P. (1): Der Trübungsfaktor getrennter Spektralbereiche. Met. Zeitschr. **42**, 477. 1925.

— (2): Über Ortshelligkeit im ultravioletten Licht. Verhandl. d. Schweiz. Naturf. Ges. Luzern II. Teil, 109. 1924; Abstract by H. H. KIMBALL, Monthly Weather Rev. **53**, 117. 1925.

— (3): Der Jahresgang des Ozongehaltes der hohen Atmosphäre. Beitr. Phys. d. freien Atm. **13**, 15. 1926.

— (4): Arch. des Sc. phys. et nat. 5, **7**, 49. Genève 1925.

— (5): Eine gelegentliche Untersuchungsmethode der Sicht. Erw. Jahresber. d. Naturf. Ges. Graubündens zur Feier ihres 100 jährigen Bestandes. Neue Folge **64**, 277. Chur 1926.

— (6): Schichtung und Reinheitsgrad der Erdatmosphäre. II.: Atmosphärisch-optische Störungen. Natur u. Technik Jg. II, S. 293. Zürich 1920.

— (7): Über das ultraviolette Ende des Spektrums von Sonne und Sternen. Die Sterne, **5**, 189. 1925.

— (8): Photographische Photometrie der Mondoberfläche. Veröffentl. d. Sternwarte Österberg zu Tübingen (H. Rosenberg) I, 2. Karlsruhe 1919.

— (9): Kontraständerungen flächenhafter Himmelsobjekte infolge der Lichtzerstreuung in der Erdatmosphäre. Astr. Nachr. **213**, Nr. 5093. 1921.

— (10): Astr. Nachr. **221**, Nr. 5300. S. 335.

— (11): Stille Entladungen (Andenleuchten) in Arosa. Das Wetter **42**, 182. 1925.

GOCKEL, A.: Über die Durchlässigkeit der Atmosphäre für Licht- und Wärmestrahlung auf Grund von Strahlungs- und Polarisationsmessungen in Freiburg (Schweiz). Met. Zeitschr. **40**, 129. 1923.

GORCZYNSKI, L. (1): Journ. of the Opt. Soc. of Americ. **9**, Nr. 4. Okt. 1924.

— (2): Mesures de l'intensité totale et partielle du Rayonnement Solaire . . ., Ann. de Service Bot. de Tunisie. Tunis 1925.

— (3): in Observations Météorol., suppl. (19). Warszawa 1913.

HAND, J. F.: A Study of the Smoke Cloud over Washington . . ., Monthly Weather-Rev. **54**, 19. 1926.

HANN-SÜRING: Lehrbuch der Meteorologie. 4. Aufl. 1926.

HARTMANN, W.: Trübungsfaktor für kurzwellige Sonnenstrahlung und atmosphärische Vorgänge. Met. Zeitschr. **42**, 337. 1925.

HAUSMANN, W.: Grundzüge der Lichtbiologie und Lichtpathologie, Sonderband 7 zu „Strahlentherapie". 1923.

HAUSSER u. VAHLE: Strahlentherapie **13**, 41. 1921.

HEBERDEEN: Philos. Transact., London 1826.

HEIM, A.: Geologie der Schweiz **2**, 745. 1921.

HELLMANN (1): Klima-Atlas von Deutschland. Veröffentl. d. Preuß. Met. Inst. Nr. 312. Berlin 1921.

— (2): Die Naturwissenschaften **13**, 845. 1925.

HELLPACH: Die geopsychischen Erscheinungen. Wetter und Klima, Boden und Landschaft in ihrem Einfluß auf das Seelenleben. 3. Aufl. Leipzig 1923.

HILL, L. (1): Atmospheric Conditions Which Affect Health. Quartaly Journ. Roy. Met. Soc. **45**, Nr. 191. 1919.

— (2): The science of ventilation and open air treatment. London 1919.

— (3): Sunshine and Open Air. Their influence on health, with special reference to the Alpine Climate. London 1925.

HOEK, H.: Das zentrale Plessurgebirge. Geologische Untersuchungen. Ber. d. Naturf. Ges. Freiburg i. Br. **16**. 1906.

HOELPER, O.: Strahlungsmessungen im Algäu. Met. Zeitschr. 1924.

HUTTENLOCHER, F.: Sonnen- und Schattenlage, Öhringen 1923. Herausg. vom Geol. u. Geogr. Inst. d. Univ. Tübingen.

JENSEN, CHR.: Die Fortschritte d. met. Optik im Jahre 1912. Mitt. Vereinig. von Freunden Astr. und Kosm. Phys. **24**. 1913.

JÖTTEN: Zeitschr. f. Hyg. u. Infektionskrankh. **103**, 78. 1924.

KÄHLER, K.: Strahlungs- und Helligkeitsmessungen in Kolberg. Abh. Preuß. Met. Inst. **7**, Nr. 2. 1920.

KAISER, F.: Schriften d. Naturf. Ges. Danzig **16**, Heft 2. 1924.

KIMBALL, H. H.: Variation in the total and luminous solar radiation with geographical position in the United States. Monthly Weather Rev. **47**, 769. 1919.

KNOCHE, W.: El „Valor de Desecación" como factor climatológico. Revista Chilena de Historia y Geografia, Nr. 34 u. 35. Santiago de Chile 1919. (Referat Süring Met. Z. S. 29. 1921.)

KNOLL, W.: Über das Klima einiger schweiz. Kurorte. Schweiz. med. Wochenschr. Nr. 17. 1920.

KORNMANN: Das Klima Luganos. 1924.

KRON, E.: Ann. d. Phys. Nr. 19. 1914.

LANGLEY: Annals of the Astrophys. Observatory Smithsonian Inst., **1**. 1900.

LINKE, F. (1): Normalwerte der Sonnenstrahlung am Taunus-Observatorium. Met. Zeitschr. **39**, 392. 1922.

— (2): Transmissionskoeffizient und Trübungsfaktor. Beitr. z. Phys. d. freien Atmosphäre **10**. 1922.

— (3): Der Trübungsgrad der Atmosphäre als klimatischer Faktor. Verhandl. d. Klimat. Tagung in Davos 1925. Basel 1926.

LOEWY, A. u. DORNO, C.: Über Haut- und Körpertemperaturen und ihre Beeinfl. durch physik. Reize. Ann. Schweiz. Ges. für Baln. und Klimat. **20**. 1925. — Strahlentherapie **20**. 1925.

MARTEN, W. (1): Messungen der Sonnenstrahlung in Potsdam in den Jahren 1909 bis 1912. Veröffentl. d. Preuß. Met. Inst. Nr. 267. Berlin 1913.

— (2): Met. Zeitschr. S. 252. 1920.

— (3): Das Strahlungsklima von Potsdam. Berlin 1926. (In vorliegender Arbeit nicht mehr berücksichtigt.)

MAURER, J., BILLWILLER, R. JUN. u. HESS, C.: Das Klima der Schweiz. 2 Bde. 1909/10.

MEYER, E.: Die Bedeutung des Ozongehaltes der Atmosphäre für die Sonnenstrahlung. Verhandl. d. klimat. Tag. in Davos 1925. Basel 1926.

MEYER, E. u. ROSENBERG, H.: Vierteljahrsschr. d. Astr. Ges. **48**, 3. 1913.

MICHELSON, W. A.: Ein neues Aktinometer. Met. Zeitschr. S. 247. 1908. Auch
Phys. Zeitschr. **9**, 18. 1908.

MOSSO, ANGELO: Der Mensch auf den Hochalpen. Leipzig 1899.

PEPPLER, A.: Beiträge zum Strahlungsklima Badens (2. Teil.) Veröffentl. d. Bad.
Landeswetterwarte Nr. 8. Karlsruhe 1926.

PEPPLER, A. u. W.: Beiträge zum Strablungsklima Badens (1. Teil). Veröffentl.
d. Bad. Landeswetterwarte Nr. 7. Karlsruhe 1925.

PERNTER-EXNER: Met. Optik S. 531. 1922.

PETERS, E.: Schweiz. med. Wochenschr. 1920.

PETTIT, E.: Ultra-Violet Solar Radiation and its Variations. Publ. Astr. Soc.
of the Pac. **38**, Nr. 221. 1926.

ROSENBERG, H.: Zeitschr. f. Phys. **7**, 48. 1921.

ROSSELET, A.: Contribution à l'étude de l'intensité des radiations ultraviolettes
solaires etc. Bull. Soc. vaud. des Sc. nat. 1912.

RÜBEL, E.: Untersuchungen über das photochemische Klima des Berninahospizes.
Vierteljahrschr. d. Naturf. Ges. Zürich **53**, 207. 1908.

SAAKE, W.: Messungen des elektr. Potentialgefälles, der Elektrizitätszerstreuung
und der Radioaktivität der Luft in Arosa. Phys. Zeitschr. **4**, 626. 1903.

SCHMAUSS, A.: Kolloidforschung und Meteorologie. Met. Zeitschr. **40**, 83. 1923.

SCHRÖTER, C.: Das Pflanzenleben der Alpen. 2. Aufl. Zürich 1926.

SONNE, C.: The Mode of Action of the Universal Light-Bath. Acta Medica Scand.
54, Fasc. 4. Stockholm 1921.

STENZ, C. R.: Paris 1924.

STREUN: Die Nebelverhältnisse der Schweiz. Ann. Schweiz. Met. Zentralanstalt
1899.

SÜRING, R.: Strahlungsklimatische Untersuchungen in Agra (Tessin). Met. Zeitschr.
41, 325. 1924.

THELLUNG, A., Erw. Jahresber. d. Naturf. Ges. Graubündens. Neue Folge **64**.
Chur 1926.

TYNDALL, J.: Fragmente. Neue Folge S. 380. Braunschweig 1895.

VAN OORDT: Die Beziehungen der Klimaforschung zur Heilkunde. Das Wetter **41**,
17. 1924.

WEBER, L. (1): Wied. Ann. **20**, S. 326. 1883.

— (2): Ann. d. Phys. **51**, 4. Folge. 1916.

— (3): Schriften des Naturw. Vereins für Schleswig-Holstein **15**, 158. 1911.

WEISS, P.: Archiv f. Hyg. **96**, H. 1. 1925.

WILSING: Publ. Astroph. Obs. zu Potsdam Nr. 80. Potsdam 1924.

WOLF, M. (1): Vierteljahrsschr. d. A. G. **60**, 101. 1925.

— (2): Astr. Nachr. Nr. 5279.

ZÖLLNER, FR.: Photometrische Untersuchungen. Leipzig 1865.

ZUNTZ, LOEWY A. und Gen.: Höhenklima und Bergwanderungen in ihrer Wirkung
auf den Menschen. 1906.

Der heutige Stand der Physiologie des Höhenklimas

Von

Professor Dr. A. Loewy

in Davos

Mit 13 Abbildungen

(Aus dem Schweizerischen Institut für Hochgebirgsphysiologie und Tuberkuloseforschung in Davos. Sonderabdruck aus „Ergebnisse der Hygiene", Bd. VIII,
herausgegeben von Professor Dr. Wolfgang Weichardt)

60 Seiten. 1926. RM 3.60

Inhalt:

I. Einleitung. — II. Klimatische Bemerkungen. 1. Der Wassergehalt der Höhen-
luft. 2. Erfassung der Gesamtwärmefaktoren. 3. Klimatypen. 4. Höhenstrahlung. 5. Strahlenwirkung auf die Wärmeverhältnisse des Körpers. 6. Strahlenwirkung auf das Sehorgan. 7. Die
Luftelektrizität im Hochgebirge. Keimgehalt. — III. Physiologische Wirkungen.
1. Verhalten des Blutes. 2. Der Kreislauf. Der Blutdruck. Capillarblutströmung. 3. Das Verhalten
des Herzens. 4. Die Atmung. Die Atemgröße. Die Erregbarkeit des Atemzentrums. Die
alveolare Kohlensäurespannung. 5. Sauerstoffmangel und Acidose. 6. Der Gesamtstoffwechsel.
7. Der Eiweißstoffwechsel. Verhalten des Harns. Verhalten der Gewebe. Der Nucleinstoffwechsel.
7a) Der Kohlenhydratstoffwechsel. 8. Der Mineralstoffwechsel. 9. Weitere Wirkungen der Bestrah-
lung. 10. Zustandekommen der Bestrahlungswirkungen. 11. Beeinflussung des vegetativen Systems.
12. Beeinflussung des Nervensystems. 13. Pharmakologisches. 14. Mechanische Wirkungen des
Höhenklimas. 15. Anthropologisches. 16. Anpassungserscheinungen an das Höhenklima. 17. Berg-
krankheit. 18. Auffassung der Höhenklimawirkung. — Literatur.

Über den Energieverbrauch bei musikalischer Betätigung.

Von Professor Dr. A. Loewy in Davos und Dr. phil. et med. H. Schroetter
in Wien. (Aus dem Schweizerischen Institut für Hochgebirgsphysiologie und
Tuberkuloseforschung in Davos.) Mit 14 Abbildungen. (Sonderabdruck aus
„Pflügers Archiv für die gesamte Physiologie des Menschen und der Tiere", Bd. 211.)
IV, 64 Seiten. 1926. RM 2.70

Die Heliotherapie der Tuberkulose mit besonderer Berücksichtigung ihrer chirurgischen Formen.

Von Dr. A. Rollier in Leysin.
Zweite, vermehrte und verbesserte Auflage. Mit 273 Abbildungen.
VI, 248 Seiten. 1924. RM 15.—; gebunden RM 17.40

Besonnung und Belüftung Gesunder, Gelenk- und Lungentuberkulöser.

Von Professor Dr. med. Eugen Kisch, ärztlicher Leiter
der „Heilanstalten für Äußere Tuberkulose" in Hohenlychen und des „Ambula-
toriums für knochen- und gelenkkranke Kinder" in Berlin. Mit 6 Abbildungen.
16 Seiten. 1926. RM 1.80

Atmung. (B/I. Aufnahme und Abgabe gasförmiger Stoffe.)

Bearbeitet von
K. Amersbach, G. Bayer, A. Bethe, A. Brunner, W. Felix,
F. Flury, A. Geigel, W. Heubner, L. Hofbauer, G. Liljestrand,
O. Renner, F. Rohrer, F. Sauerbruch, E. v. Skramlik, R. Staehelin.
Mit 122 Abbildungen. („Handbuch der normalen und patho-
logischen Physiologie", herausgegeben von A. Bethe, G. v. Bergmann,
G. Embden, A. Ellinger†, Frankfurt a. M., Bd. II.) IX, 552 Seiten. 1925.
RM 39.—; gebunden RM 44.40

Physikalische Therapie innerer Krankheiten

Von

Dr. med. M. van Oordt

leitender Arzt des Sanatoriums Bühler Höhe

Erster Band:

Die Behandlung innerer Krankheiten durch Klima, spektrale Strahlung und Freiluft (Meteorotherapie)

Mit 98 Textabbildungen, Karten, Tabellen, Kurven und 2 Tafeln

(Aus „Enzyklopädie der klinischen Medizin", Allgemeiner Teil)

VIII, 568 Seiten. 1920. RM 18.—

Inhaltsübersicht:

Die Klimatotherapie: Einleitung. — A. Allgemeine Klimatik. Die klimatischen Faktoren. Die Art der physiologischen Klimawirkungen. Allgemeine Begründung klimatischer Heilverfahren. Die einzelnen Klimate. Literatur. — B. Binnenländische Klimate. I. Das Klima der Niederungen und geringen Höhenlagen. 1. Das warmfeuchte Binnenlandklima der Niederungen. 2. Das mäßig warmfeuchte Klima der Niederungen. 3. Das trockenwarme Klima der binnenländischen Niederungen und geringen Höhenlagen. — II. Binnenländische Klimate mit hervortretender Eigenschaft der Höhenlage. 1. Das Hochgebirgsklima von etwa 1000—2500 m. 2. Das Klima des vegetationsreichen Mittelgebirges von etwa 400—1000 m. — C. Die Seeklimate. Allgemeine klimatische Eigenschaften. Die allgemeinen physiologischen Wirkungen im Seeklima. Die Therapie im Seeklima. 1. Das ozeanische Hochseeklima. — II. Küstenklimate. Die Stellung der Thalassotherapie im Seeklima. Klimatische Seekurstätten. Literatur. — Die Therapie mit der spektralen Strahlung: Die Heliotherapie und ihre Modalitäten. Die monochromatische Lichttherapie oder Chromotherapie. Die künstlichen kurzwelligen Strahlenquellen und ihre Anwendung in der inneren Medizin. Literatur. — Die Aërotherapie: Begriff der Freiluftbehandlung. Die Faktoren der Freiluftbehandlung. Die physiologischen Effekte im Luftbad. Therapeutische Indikationen des Luftbades. — Andere Formen der Luftbehandlung. Literatur. — Sachregister.

Ⓦ **Spaziergang auf Brioni.** Von Dr. **Otto Lenz,** Kurarzt. Mit 52 Abbildungen und 1 Tafel. 92 Seiten. 1926. RM 3.60

Lungen-Tuberkulose. Von Dr. **O. Amrein,** Chefarzt am Sanatorium Altein, Arosa. Zweite, umgearbeitete und erweiterte Auflage der „Klinik der Lungentuberkulose". Mit 26 Textabbildungen. VI, 141 Seiten. 1923. RM 6.—; gebunden RM 7.50

Die Entstehung der menschlichen Lungenphthise. Von Privatdozent Dr. **A. Bacmeister,** Assistent der Medizinischen Universitätsklinik Freiburg i. Br. VI, 80 Seiten. 1914. RM 2.50

Die Auskunfts- und Fürsorgestelle für Lungenkranke, wie sie ist und wie sie sein soll. Von Dr. **K. W. Jötten,** o. ö. Professor der Hygiene und Direktor des Hygienischen Instituts der Universität Münster i. W. Zweite, erweiterte Auflage. IV, 130 Seiten. 1926. RM 6.60

Das mit Ⓦ bezeichnete Werk ist im Verlag von Julius Springer in Wien erschienen.